翻轉學

翻轉學

翻轉學

翻轉學

最強圖解
溝通術

1枝筆+1張紙
說服各種人

學會4種符號，1分鐘畫解問題
職場、生活、人際關係，4圖1式就搞定！

熱銷
新裝版

圖解溝通專家
多部田憲彥——著 周若珍——譯

誰でもデキる人に見える 図解de仕事術

目錄 Content

Chapter 2

一枝筆、一張紙，解決人生中所有問題！

Chapter 3

用四種「圖形思考」解決所有問題

Chapter 4

突破工作和人生瓶頸，就靠圖解規劃法

Chapter 5

換工作或自我介紹，一定要學會「圖解自我分析」法

Chapter 6

最強圖解溝通術，輕鬆說服所有人

Chapter 7

先畫再說，用圖解提升解決力

前言

我有口吃又欠缺邏輯思考能力，圖解溝通術救了我

各位在與人交談時，是否曾有被對方指出「你說的我聽不懂」、「可以講重點嗎」的經驗？

其實，有個方法能夠輕鬆解決這種煩惱。**透過繪製簡單的圖，讓問題點變得明確，同時思考如何改善困境的「圖解溝通」法**。只要學會這個方法，就能將自己的思緒整理清楚，並懂得如何進行具有邏輯性的說明。除了會議、討論等商務場合之外，這個技巧在私人領域也非常受用。

說破了嘴，對方還是無法理解，該怎麼辦？

我完全能夠理解「無論怎麼說明，對方也無法理解」而苦惱的心情，因為我以前也

是這樣。我從小學開始就苦於口吃，無法順利而完整地表達自己的意思。因此，一直到高中，我都是個內向的孩子。上了大學之後，雖然變得比較活潑一些，但仍然無法抹去「不擅言詞」的自卑感。

直到大學畢業，進入光纖製造公司任職後，我才強烈地自覺到：再這樣下去實在不妙。因為每次不管我對上司或客戶說明什麼，都完全無法傳達我的意思。他們都是手上有著許多工作的大忙人，每當我吞吞吐吐地說明，他們都會立刻丟出「趕快說結論」、「所以你到底想說什麼？」之類的回覆。

因此，我自費參加了許多說話技巧講座與簡報教學課程。**當時我以為，只要學會「說話技巧」，就能順利地讓對方聽懂我的說明**。然而，某個講座的講師說了一句話，帶給我很大的衝擊。

「多部田先生，你的說話技巧並沒有不好，甚至可說比一般人好喔！不過跟說話技巧相比，更大的問題是，你的邏輯思考能力不足。」

再高明的話術，也無法一次解決問題

也就是說，我一直以來當作課題、認為需要改善的「說話技巧」，原來並不是我的缺點。這位講師指出，我的說明無法讓對方理解的原因，竟是「欠缺邏輯思考能力」。真是傷腦筋啊！

當時，我確實缺乏邏輯思考能力。在高中時代的數學考試，我還曾經考過零分，而大學時必修的數學，是考試時可以帶課本的「營養學分」，所以我才能勉強順利畢業。總之，我是個不擅長邏輯思考的人。

過去的我，完全不懂該如何有邏輯地思考。持續煩惱了將近一個月後，轉機就發生在我踏入社會第一年，盂蘭盆節假期結束時。當時製造工廠的主管，是我非常尊敬的「圖解法專家」，而我從他那裡學到了圖解溝通的奇妙效果。

在進入公司第二年時，我將這個技巧應用在泰國工廠的改善企劃中，沒想到竟然能順利地與泰國人進行溝通，真是有趣極了。此外，在與日本人解決問題的時候，這個方法也派上了很大的用場。

協商、溝通、報告……圖解都能解決！

我的口吃至今仍未痊癒，但是，自從我學會利用圖解來解決問題之後，我的工作與溝通能力，便出現了戲劇性的提升。目前我任職於日產汽車與雷諾的共同購買組織，擔任「Regional Supplier Performance Manager」，負責每年超過一千億日圓的交易。

此外，我除了當上班族之外，也以「圖解溝通專家」的名義，在週末舉辦讀書會。對大部分的人來說，這個頭銜應該很陌生吧？因為這是我自己取的名稱。從二〇一〇年開始的「圖解讀書會」，託各位的福，每一場都座無虛席。這三年來，參加人數已經超過六百人了。

只要會畫圓圈、三角和直線，就能改變人生！

我也曾上過ＮＨＫ的電視節目，向不擅圖解的年輕業務員介紹圖解改善法。當時的主持人——搞笑組合「UNJASH」的兒嶋一哉先生，以及來賓邊見繪美里小姐，都曾表示「如果是那種手繪圖，我也能畫」。

另外我也曾接受《BIG tomorrow》、《ENTRE》等雜誌的採訪，並替久保田崇先生所著的暢銷書《向官僚學的工作術》製作圖表，漸漸地受到各界的認同。現在更與文具製造商KOKUYO合作，舉辦講座，並針對商品研發提供建議，擴大活動範圍。

許多讀書會的學員，紛紛回報他們利用圖解改善、順利解決問題的實例。我確信，**圖解改善不只對我有用，而是一種對任何人都有效果的方法**。

世界上有許許多多以圖解為主題的書籍或講座，然而對新手業務員來說，大部分都很難以實踐。因為那些採用的大多是「經營戰略」等非切身的題材，圖也都是利用電腦繪製的漂亮圖表。

大部分的年輕業務員所需要的，是利用圖解來解決「我該和明天要拜訪的客戶談些什麼好呢？」、「我必須在今天之內優先處理的工作是什麼？」等切身問題的方法。因此，我撰寫本書時的目的，是希望幫助年輕人解決眼前的課題。

我有口吃又欠缺邏輯思考能力，**全靠「圖解」提升自己的「問題解決力」**。我認為，推廣這個知識，是我的一大任務。只要能多一個人學會圖解改善法，並將它應用在工作或私領域中，那便是我莫大的喜悅。

第1章

溝通、表達、說服、思考，一張圖就夠！

「圖解」不只可運用在工作，也可解決生活中的大小事件；
「圖解」的優勢在於將思考「具象化」，
不需高超說話技巧，就能充分表達自己的意思。

優點 1

圖解的驚人效果，不擅言詞的人最適用

我的工作，是與世界各國企業進行交涉並進貨的「採購（Buyer）」。在工作上，除了日本之外，我也會和其他亞洲國家，以及美國、歐洲等國的業務人員交涉。另外在週末，我也擔任圖解讀書會的講師。

因此，有很多人以為我「天生口才就很好」，但正如同我在本書前言所述，我從小就為「口吃」所苦。直到現在，還是很害怕在人前說話，但正因為學會了「圖解」，所以才能和別人順利溝通。

問題點在哪？說半天不如用畫的

我進入公司一年後，出現了一個很大的轉機。由於我想學習如何「提高產能」，因此向公司提出要求，調職到生產工廠。在那裡，我遇見了「專家」，他是一位自高中畢業後就開始在工廠工作，被同仁們稱為「師傅」的老手。他的絕招，就是用手繪圖解分析問題。

我第一次見識到圖解的威力，是在一場會議中。有位前輩主張：「把機器切割的速度，從每天七十個提高到一百二十個，就可以大幅提升產能了！」

我心想「原來如此啊！」，沒想到，坐在我附近的「師傅」卻喃喃地說：「那個傢伙到底在想些什麼啊？」

我嚇了一跳，問師傅那位前輩的意見有什麼不對？於是師傅回答：「那個傢伙沒根本看到『應該改善的重點』啦！」並且迅速地畫出了一個簡單的表

（個/日）

工程	生產效能
切割	70→120?
存放	100
檢查	70

• 只用簡單表格，馬上就發現問題點：「檢查」數量也要提升！

格。在製造產品時，除了「切割」之外，還需要存放產品，並且仔細「檢查」產品是否能正常運作。

假如在一天之內最多只能完成七十個產品的檢查工作，那麼就算切割的工程效率大幅提升，也會在「檢查」階段陷入瓶頸，到最後，產能仍然無法提高。想提高工廠的生產效率，**真正該改善的地方，應該是將存放、檢查的工作能力，也增加到一百二十（個／天）才對。**

師傅的回答有如當頭棒喝，**原來想破頭也無法理解的東西，藉由一張圖表，就能又快又明確地整理出來！**這時，我才親眼見識到圖解的驚人之處。

優點2
冷靜畫出失敗原因，不流於情緒

在職場上，有時難免遇到必須說重話的嚴肅場合。在這種時候，如果光是「用說的」，便容易流於發洩情緒，這樣一來，對方便無法明白我們說重話的原因，只會覺得「被罵了！」而感到心情低落。

不過，如果能利用圖解來闡明事實和根據，就能在不流於情緒之下，導出結論。

畫出失敗原因，轉為正面思考的能量

由於我不擅言詞，因此說話時都會格外注

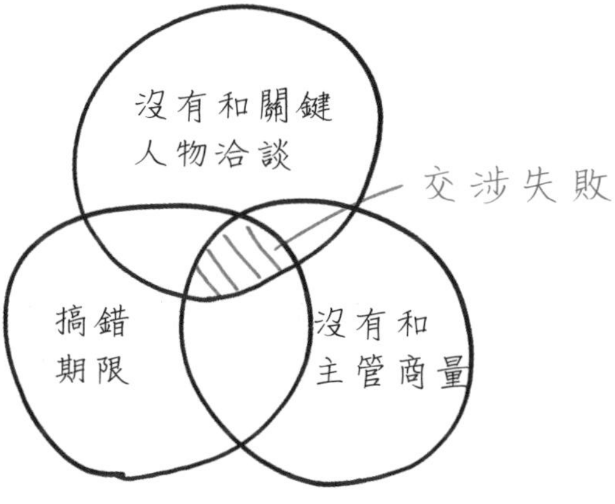

• 利用圖解找出交涉失敗的原因。

意，避免讓部屬的情緒因此波動。

例如，就算部屬與客戶交涉失敗了，我也絕不會怒氣沖沖地對他破口大罵，事實上，我本來就不是會破口大罵的個性，而且我只要太過激動，就會口吃。

如果只是破口大罵，否定他的行為，部屬在情緒上可能會非常反彈，還可能從此失去幹勁，而且光是謾罵，也想不出好的改善策略。因此，我都會藉由「畫圖」，再搭配「口說」來和部屬溝通。

搞砸了工作的部屬，會因為懊悔和難為情而失去冷靜。但只要和他一起用圖解整理交涉失敗的原因，就能以客觀、理性的角度找出他的問題，並能冷靜地重新檢視自己應該反省的重點，再實際改善。

如果失敗的原因，是沒有事先與對方的關鍵人物洽談，那麼下次就記得把「與關鍵人物洽談」列為最優先事項就好；如

• 依序想出改善的方法。

果失敗的原因是搞錯了期限，那麼就應該改善自己的行程管理。

先畫圖、再思考，不但能理性地發現問題點，還能將失敗轉為前進的助力，並對未來有所幫助。

優點 3

不靠口才，也能掌握「發言主導權」

開會時，議程進展經常會被「大嗓門」的人主導，這不但不合邏輯，而且聲音大，不代表意見好，卻只因為他嗓門大、看起來充滿自信，便能主導整場會議……相信不少讀者，都曾有這種不甘心的經驗。

尤其是和外國人一起開會的時候，大家七嘴八舌地提出自己的意見，而使得會議難以達成結論。

不用「講贏」，也能完全掌握發言權！

我所任職的公司相當國際化，根據經驗，只要和印度人或法國人開會，場面就容易陷入混亂。他們經常打斷別人的話，但是一旦自己開始說話，就完全不會停下來。

不過，**只要學會圖解的技巧，無論在什麼樣的會議中，都可以掌握發言主導權**。

這是我去印度出差，在和印度的採購人員們開會時畫的圖。會議的目的，是要決定我們的原料該從哪裡進口。

在那之前，每個採購都會推薦自己所負責的廠商，難以討論出結論，但我使用「國產或外國產」、「價格高或低」作為兩個軸，進行分類，將所有人的意見加以整理後，便順利地決定以B公司作為採購的廠商。

即使英文不太流利、聲音不夠宏亮，與會的同事也會自然地把你當作「會議主席」，並且懷抱尊敬之心。此外，和外國人開會時，我的英文是典型的日式英文，連印度人都糾正我的發音，但只要用一張簡單的圖解，就算話說不好，也能成為會議主導者。

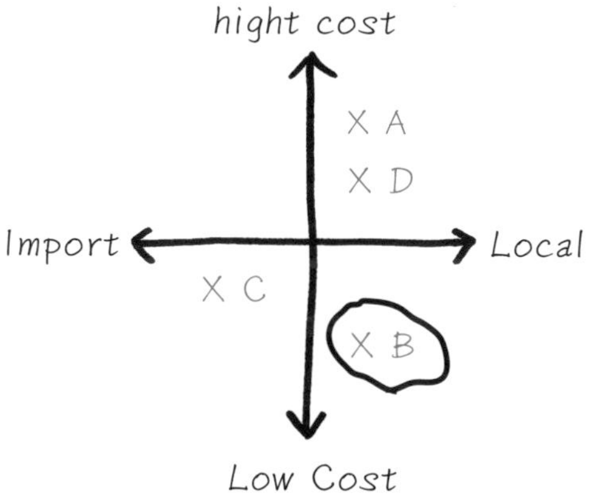

• 用圖表彙整印度採購人員們的意見，哪家公司「國產」又「低價」，一目了然！

彙整眾人意見，讓人備感接納

此外，透過將眾人的意見匯集並製成圖表，還可以增加討論的同伴。人總是會對接納自己的意見、與自己有同感的人抱持親切感。聽完了別人的意見之後，將他的意見視覺化，便能讓對方感受到「啊，我的意見被充分理解了！」

光是藉由畫圖來整理狀況，就可以成為會議的中心人物，這是圖解帶來的令人意外的好處之一。

優點4

比透過文字，更快讓人理解

我到國外出差的時候，有時必須向當地的高階主管說明或簡報。高階主管們全都非常忙碌，無一例外，因此有時對方撥給我的時間，甚至只有一、兩分鐘。一般人常說「電梯簡報（elevator talk）」，但就算在走廊上邊走邊講，也不是什麼稀奇的事。

走廊上並肩走三十秒，也能清楚簡報

這時最能派上用場的，就是圖解。我向某位高階主管報告兩家上游原料廠商的年採購額時，就是用下頁這張圖，如果要用口頭說明的話是這樣：「我們對A公司付出的採購金額是一億美金，B公司是五億美金，但我們同時從兩間公司採購（原料）的金額，卻只有二千萬美金。所以，**為了不讓A、B公司獨占某些原料，我們是否必須增加同時**

從A、B兩間公司購買的品項、避免某個原料被其中一家公司壟斷？」

以上牽扯到一連串的數字和複雜的情況，就算用口頭說明得再詳細，對方不一定有時間聽，而且也難以理解。不過，只要畫出圖解，就能在短時間內讓對方清楚狀況。

畫得漂亮沒有用，重點是快狠準！

書中數個手繪圖解，都是我親手繪製，線條歪七扭八，字也不漂亮，或許有讀者一邊看，一邊想著：「多部田先生，您敢公開這些圖，還真是有勇氣啊！」不過，我覺得畫得醜也無所謂，**圖解的最大目的，並不是**

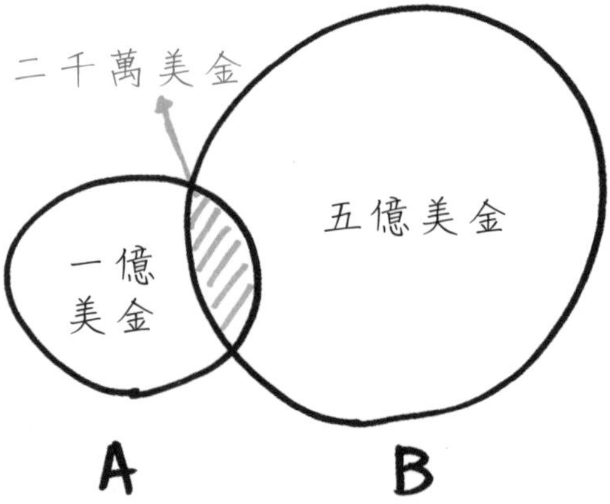

• 遇上一串數字和複雜的關係時，一張圖就能解釋清楚。

「繪製漂亮的圖」，而是「正確地傳達自己的意思」。

如果老是拘泥於漂亮工整的圖，而花太多時間，可就本末倒置了。**一張圖要在一分鐘之內完成，不要想著「要畫得漂亮」，用手繪即可。**想要加快速度，就不要忘記這個鐵則。

優點 5

會議紀錄用圖解，更具象化

開會時的會議紀錄，大多會交給年輕的新人來做，各位讀者當中，或許也有人為此所苦。不擅於製作會議記錄的人，大致可分為兩個問題：

沒人喜歡看「說明書」，冗長會議記錄消失吧！

第一個問題，沒在會議中確認重點。如果在會議結束後好幾天，才一邊看著筆記，一邊試圖回想「前幾天那場會議的重點是什麼？」實在是費時又費力。

第二個問題，把會議的過程全部塞進來，做出一份冗長的會議記錄。製作會議記錄的原則，就是把結果整理在一張A4紙上。要是太長的話，就會像電器產品的說明書一樣，根本沒人想看。我的建議是，**在會議進行中就使用圖解，使討論的內容具象化，並請與會者當場確認。**

花一分鐘，確認「這場會議中最重要的重點就是A和B對吧？」，並用相機拍下來。接著再把照片貼在文件上，就能輕鬆地做好會議紀錄了。

下圖就是我在與工作人員們討論圖解讀書會的定位、目標與品牌形象時，用圖解做出的會議重點紀錄。

用圖解彙整會議結論的好處，不只是輕鬆做出會議記錄，能簡單明瞭的統整會議結論，這種能力立刻讓你與眾不同；更重要的是，與會的大家能更容易記住會議的內容。

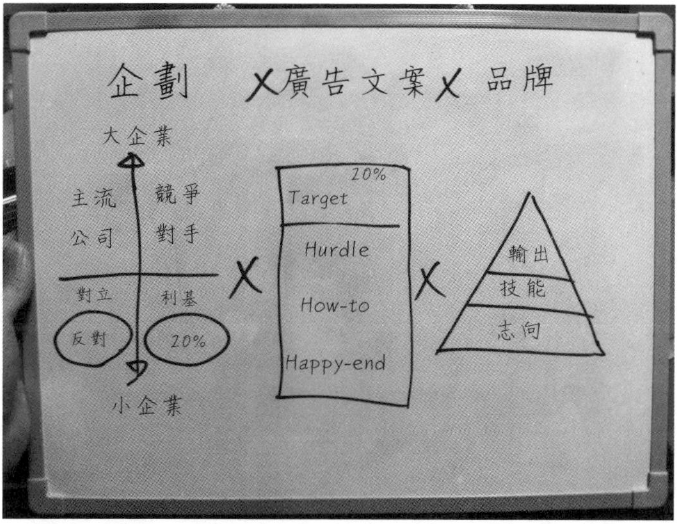

・在會議中進行圖解，使討論的內容具象化，並和與會者確認重點。

優點

6

一起繪製的圖解，效果更驚人

我平常就會隨身攜帶A4大小的白板，在顧客或同事面前進行圖解。有的時候，我會要求對方在我所畫的圖上添加一些要素。例如下頁的圖，就是我和客戶針對他們公司的狀況，一起繪製的圖解。

無需高超話術，一畫就了解他的想法

在各種條件無法配合的狀況下，我只畫出「強項—缺點」、「本公司—對手公司」，由兩條直線構成的四個區塊，而裡面的要素則是我和客戶一起填入的。

該公司的強項，就是服務的價格極為便宜。但相對地，由於技術人員都在國外，因此經常無法即時處理臨時發生的問題。而競爭對手公司的特色，則是「雖然服務的價格偏高，但因為技術支援人員二十四小時待命，因此可以即時處理緊急狀況」。

在我們兩人一起製作這張圖的過程中，客戶表示，「只要能夠加強提供技術支援的速度，似乎就能滿足貴公司的需求對吧？那麼我回公司之後，會和高層討論看看，是否能增加技術支援人員。」

和對方一起繪圖，不只是單方面地提出要求，還能了解對方需求，**加深雙方對彼此的理解**。

此外，由於對方能更深一層地了解問題的核心，因此也**更容易理解我們的要求，並因此原因採取行動**。而在多人合作下繪製的圖表所顯示出的結論，精確度也會較高。

不一定只能由一個人繪製圖，和其他人一起製作圖解時，得到的收穫，遠遠超乎我們的想像。

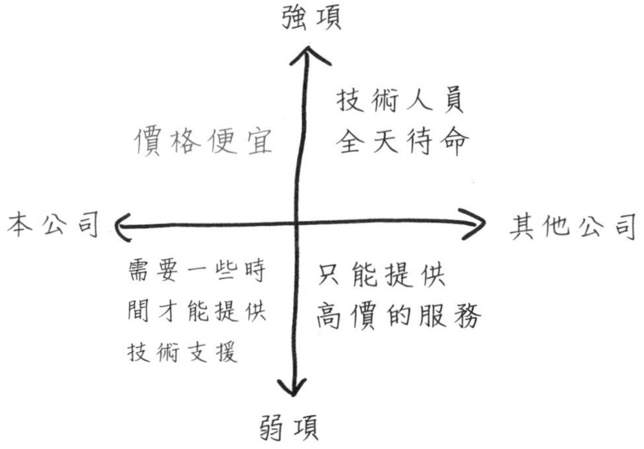

• 用圖解，縮短交涉和討論的時間。

優點

7

超越語言文化隔閡，用畫的就對了

每個人對詞語的定義都不同，例如，當我們聽到「大房子」時，每個人腦中浮現的圖像因人而異。住在都市的人與住在鄉村的人，對於「大房子」的印象應該截然不同。

另外，國籍不同的人，對「大房子」的認知勢必也會有很大的差異。住在神奈川縣郊外六十平方公尺公寓裡的我，覺得是「豪宅」，對於住在美國鄉下的人來說，或許只是「寵物的小屋」也說不定。

但是，只要畫成圖，就不會產生這種誤

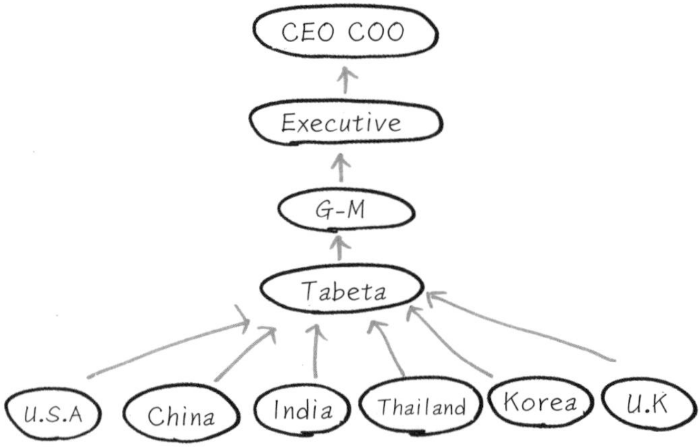

• 給中國、印度等國家看的圖解，讓各國負責人能了解「提供正確資料」的重要性。

解了。因為圖可以具體地表示出樓層數、窗戶的數量，以及建築物的大小。**只要善加利用圖解所具備的視覺資訊力量，就能超越言語或國籍的隔閡。**

說不清的，用畫圖就懂了

應用在工作上也很有幫助，例如上頁的圖，是我給中國和印度等地的負責人看的圖解。當時我為了製作經營管理資料，因此要求各國的負責人提供資料給我。

這是我要呈報給CEO（首席執行長）、COO（首席營運長），讓他們作為決定經營方向參考的重要資料，然而在各國的負責人當中，卻有人沒向他們的上司確認，就隨便給我

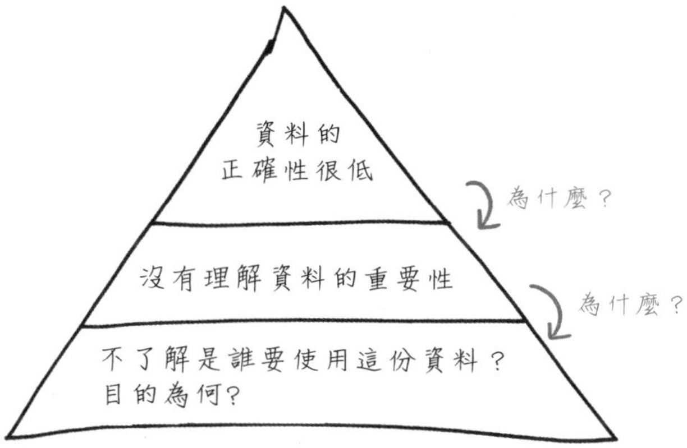
資料的
正確性很低
為什麼？
沒有理解資料的重要性
為什麼？
不了解是誰要使用這份資料？
目的為何？

• 金字塔圖解，一層層解決根本問題。

一份資料。

因此，我每次都必須仔細審視資料，還要透過電話會議或電子郵件，與資料疑似有誤的負責人進行確認，完全是浪費時間。

然而，在我給他們看了這張圖之後，各國負責人便都能理解，各國資料呈報的順序，會透過我的GM（部長）、Executive（高階主管），最後呈報給CEO、COO。

於是，各國的負責人便清楚地理解這份資料的重要性，這麼一來，資料裡的錯誤便大幅減少，我花在確認上的時間，也比之前減少了一半以上。

優點 8

用圖解自我介紹，讓人印象最深刻

出席講座或宴會時，是一個拓展人脈的好機會。不過，由於和每個人交談的時間有限，因此大多時候只能談些「在哪工作？職位？結婚了沒？」，這類不痛不癢的基本介紹。因此，我會藉由圖解，立刻讓第一次見面的人了解自己。

快速拉近距離！初次見面不害羞

我在家庭裡的角色是父親，負責養育小孩；平日是一位上班族，負責公司內採購的工作。而在週末的時候，則以讀書會和研討會的

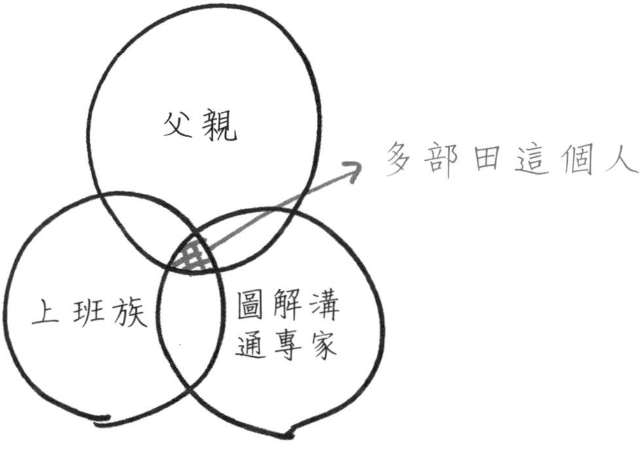

• 一張圖講完自己的基本介紹。

方式，介紹「圖解的好處」。對方只要看到這張圖，就能在短時間之內了解我的「為人」。

此外，我也常用這張金字塔圖說明人生目標與達成方法：

我的夢想，是藉由推廣「圖解溝通法」讓日本更有活力；而實際的做法就是頻繁地舉辦讀書會——用對圖解，就能輕鬆說出自己的夢想和執行的方法。

面對完全不認識的人，想要坦率地介紹自己，其實並不容易。然而，只要利用圖解，就能在**短時間內讓對方了解自己，坦率而真誠地聊天**。

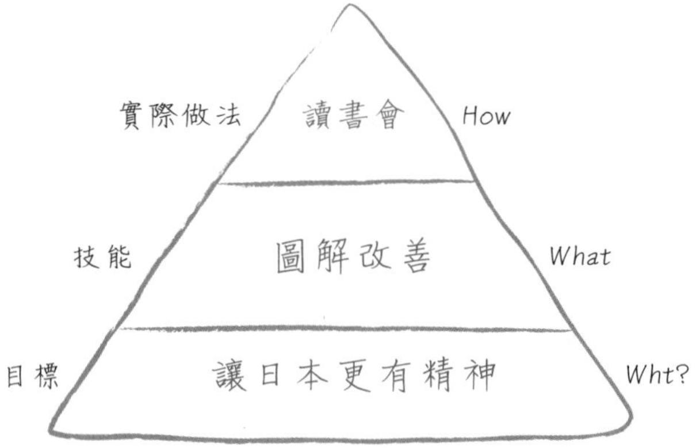

• 我的夢想，和達成的方法。

優點9

工作順序，用想的不如畫出來

「前輩，我對自己越來越沒自信。最近總是來不及在期限內趕完工作，常被主管斥責……」某天早上，一位後輩突然來找我大吐苦水。

他非常努力、工作也很認真，然而在「時間管理」方面，卻還有非常大的改善空間。例如，應該立刻處理的事情，他總是會放到後面，直到期限逼近了才開始動手，結果往往處理得苟且隨便，也常被主管責罵。

相反地，他卻花很多時間在不重要的工作上，常常影響其他工作的進度。因此，他就算利用週末去公司加班，公事也處理不完，所以感到非常煩惱。

於是當天晚上，我和他一起去吃拉麵，和他討論改善的方法。當時我和他一起畫出圖解，檢視他的工作狀況：

訓練「斷捨離」，工作效率倍增

我們把他目前手上的工作，分成「只有自己能做的」和「可以交給別人做的」，以及「應該今天處理的」和「明天處理也沒關係的」。

最應該優先處理的，是「必須今天做，而且只有自己能做」的工作；接著應該處理的，則是「必須今天做，但是可以交給別人做」的工作；至於「明天之後處理也沒關係，而且可以交給別人做的工作」，就可以先放在一邊，晚一點再處理也無妨。

把眼前的問題具體整理出來，他的思緒頓時變得清醒。這樣一來，他不但能找回自信，也會更有幹勁，並知道該如何採取行動改善自己的效率。

最近很流行「斷捨離」，也就是把不需要的東西捨棄。我認為，**若能透過圖解，把頭腦裡的東西「斷捨離」，便能削除多餘的雜念，吸收新的想法。**

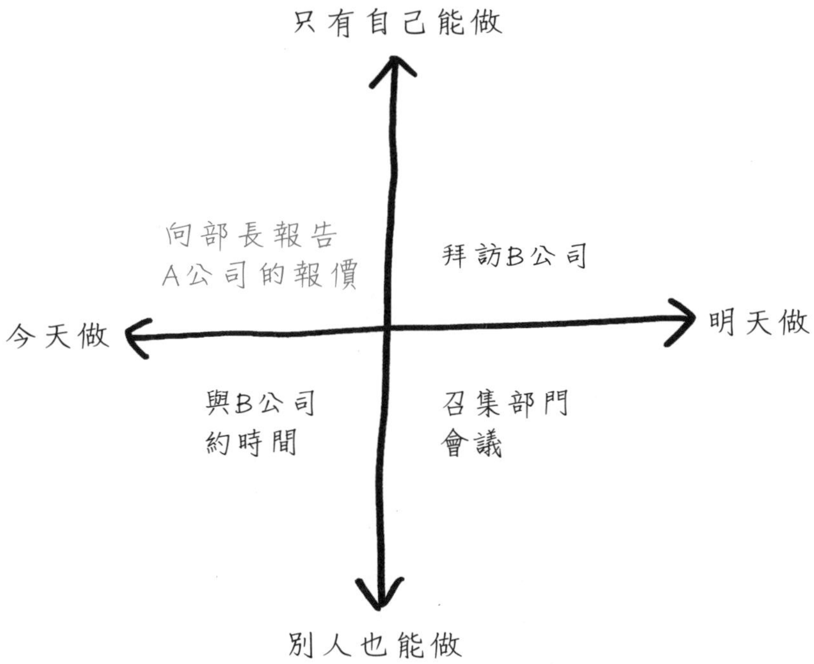

- 用圖解分出工作優先順序：「只有自己能做」和「今天就要做」的事情優先。

專欄❶ 超越國界和語言的「圖解溝通」

我在大學畢業後，就進入第一間公司。在二〇〇三年、到職約兩年後，公司派我去改善泰國工廠的產能。當時一位泰籍的女部屬問了我一個問題，讓我非常詫異：

「電腦要怎麼用？」

「成本要怎麼計算？」

當時他們不會使用電腦，也沒有計算成本的概念。因此，其他來自日本的派駐人員都說：「不管對泰國人說什麼，他們都聽不懂！真是傷腦筋。」他

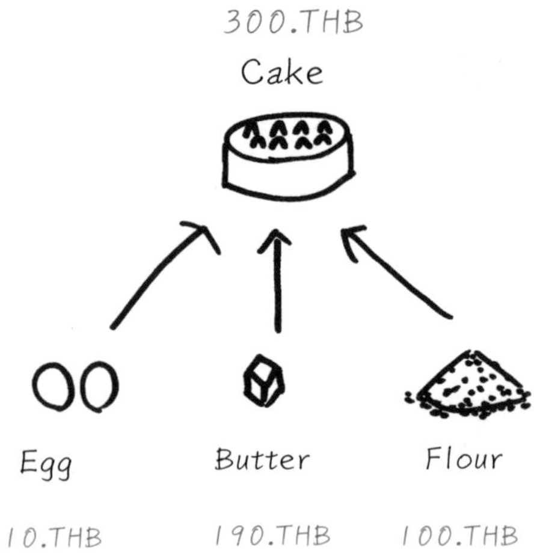

們儼然已經放棄溝通。可是這樣下去，完全沒辦法改善工廠的產能。

這時，我便問了泰國人喜歡的東西，打算利用圖解來教他們計算成本的概念。例如，對於喜歡吃蛋糕的泰國人，我就畫出蛋糕的原料——雞蛋、奶油、麵粉的圖，然後加以說明。做蛋糕的時候，必須有雞蛋、奶油和麵粉，而這些材料所花費的總金額，就是蛋糕的原價（成本）。

於是，原先無法讓泰國工廠端理解的概念，透過以蛋糕為例子的圖解後，便能讓語言不同的外國人一目了然。透過圖解，明白「成本計算」的泰國女部屬，最後也學會如何計算以更複雜的原料所製成的產品成本。

時至今日，她已經升為小組長，成為泰國工廠的主管。據她表示：「多部田先生經常使用圖畫說明，所以很淺顯易懂。」這正是「圖解溝通」彌補了言語無法說明清楚的最好例子。

第2章

一枝筆、一張紙，解決人生中所有問題!

「圖解」不需要高超畫技，也不需分析力，
四種連幼稚園小朋友都能畫的簡單圖形，
無論地點和對象，都能輕鬆用圖解溝通，解決問題。

技巧1

討論複雜的問題，才能用圖解？不會畫圖、沒邏輯，也能快速上手

來參加圖解讀書會的學員超過百位，我曾問他們，為什麼覺得自己不擅長圖解？從學員們的回答，我發現世人普遍對「圖解」有一些誤解，我將逐一澄清。

首先是，「有邏輯的人才能看得懂圖解」。我剛知道「圖解」這個名詞、還沒有實際動手畫之前，也有著同樣的誤會。在那之前，我看到的都是著名的顧問、學者在說明「邏輯思考法」、「企管理論」時所使用的圖表。正因如此，我才會先入為主地產生「圖表＝高水準」的想法。但是，我從工廠師傅身上所學習的「圖解」，卻推翻我原本的觀念，是截然不同的東西。

我所說的「圖解」，並非只能用在企業經營等高層次的問題上，同時也適用於提升工廠工作效率等日常問題。另外，圖也不一定要畫得很漂亮，即使是迅速地用手隨意畫出的簡單線條，便已經足夠。

「圖解」是一種絕佳的工具，缺乏邏輯性的人也適用。歐美地方的人從小就透過辯論課等課程，訓練他們養成有邏輯的表達方式。相較之下，亞洲人卻沒有接受太多邏輯表達的課程，因此大多「不擅議論」。然而只要**利用圖解，將頭腦裡的想法整理清楚，便能自然而然地學會邏輯思考和清晰表達。**

圖解並非具有邏輯性的人專用的工具，反而應該說是**幫助缺乏邏輯性的人的工具**。數學不好的我，也因為圖解的關係，現在可以用有條有理的步調工作——這個事實，正是最好的證明。

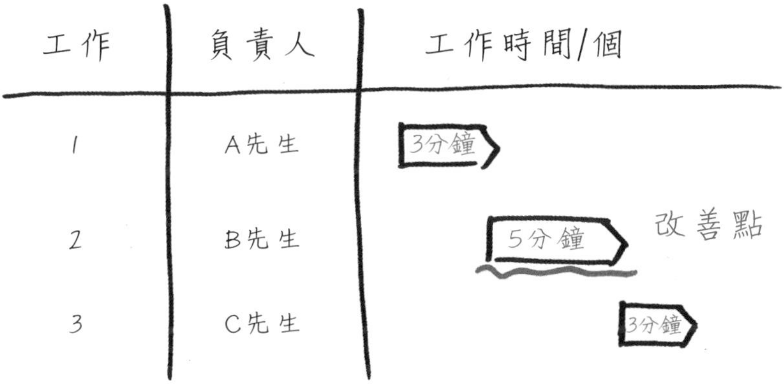

• 簡單畫出比較，問題點一清二楚。

技巧 2

圖解就是用Power Point做出漂亮圖表？

手繪圖解，格式簡單不用講求美觀

近期針對新進員工的訓練課程，似乎都會教導員工們如何使用Power Point製作報告資料。此外，聽說在專為正在求職的大學生開設的講座中，也都會教Power Point。

圖不須漂亮，但資訊必須清楚

或許是因為如此，許多人都有先入為主的觀念：圖表一定要用電腦畫得很漂亮。這是非常大的誤解，畫圖的目的是「把腦中的想法整理清楚，用淺顯易懂的方式讓對方理解」，絕對不是「畫出漂亮的圖」。

因此，我建議不要使用電腦，而用手繪的方式進行圖解。手繪的好處有以下三點：

❶比電腦畫圖來得省時

開啟電腦的電源，打開Power Point，需要等上相當長的一段時間。相較之下，如果使用手繪，只要有筆，就立刻能夠畫出圖來。

就算在咖啡廳聊天的時候，只要一想到，就可以立刻在杯墊的背面畫出圖解，這是手繪最大的好處。

❷動手畫圖，可以活化腦部

各位是否曾聽過，「在背英文單字的時候，不要光是看著單字表，最好自己動手將單字寫一次在筆記本上」。因為「動手寫」，可以活化腦部，幫助記下單字。

在用手繪圖解的時候也一樣，透過動手，腦中就會更容易浮現好點子，也能同時進行邏輯思考。

❸要用哪個圖?太多選擇反而更困惑

Power Point內建了各式各樣的圖表樣式，站在使用者的角度來看，在什麼狀況下要使用哪一種圖，實在令人困惑。

而我所使用的手繪圖，只有○、△、+、⇩四種樣式，每種線條和圖都有固定的使用時機，因此不會讓人感到混亂。

不過，手繪也有缺點：畫好的圖無法留下紀錄。我會使用智慧型手機拍下畫在白板或筆記本上的圖，並依用途或計畫，分別儲存在不同的資料夾裡。這樣一來，事後便能輕鬆找出以前畫過的圖。

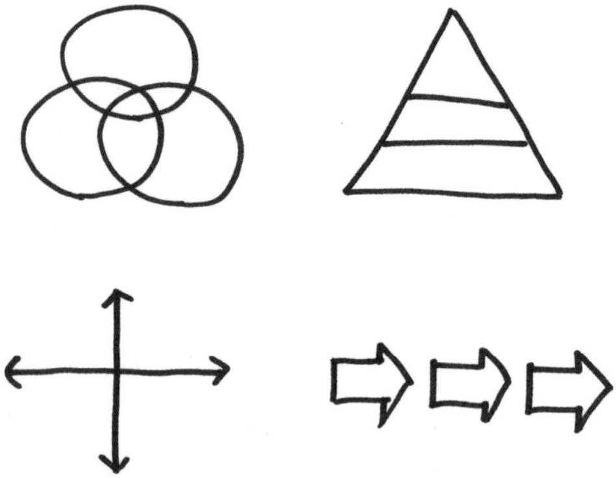

• 手繪圖解，格式簡單、無需考慮「美觀」。

技巧3

畫圖說明、溝通，要花很多時間？

圖解也能套公式，準備資料才是重點

也有些人會誤以為「畫好一張圖，需要花很多時間」。不過，就像我已經多次反覆說明過，畫圖的時間愈短愈好。

若是在非常重要的簡報會上所使用的圖表，可以花很多時間慢慢製作。比起樸素而單調的圖表，有些時候的確必須製作讓人留下深刻印象的圖表。

但是，如果花太多時間在日常業務中使用的圖表上，那麼不管經過多久，都沒辦法做完工作。

圖解三要素：輕鬆、短時間、誰都能做

如果要比喻的話，我們在這本書上學到的圖解，就像是自助餐廳所使用的免洗便當盒。這種便當盒，已經事先設計好了放置白飯、配菜以及小菜的格子。裝便當時，只要

把食材裝入既定的格子裡即可，因此就連新進的員工也能輕鬆地盛裝。

而花很多時間製作的圖，則像是法國料理店的餐點，只要能漂亮地擺盤，就會讓人覺得賞心悅目。不過，能做得到這點的人，只有擁有絕妙品味與技術的廚師，一般人就算想做，只會花很多時間，卻做出品質低劣的成品。

圖解溝通的目的，是**「每個人都能夠」、「輕鬆地」、「在短時間內」將頭腦中的想法整理好**。花時間製作精緻的圖，很明顯與這樣的基本方針背道而馳。

• 把食材（資料）分別放入格子（圖解格式）中。

隨時將好點子寫在便條紙上

不過，有一點一定要注意：**「圖必須在短時間內畫好，但是放進圖裡的資料，一定要仔細思考」**。

剛才我將圖解比喻為「連新手都能在短時間內完成的固定便當擺盤」，不過，就算用了劃分好的格子，讓便當看起來很整齊，但是如果在製作放入便當的食材時卻苟且隨便，又會怎樣呢？

沒煮熟的白飯、調味失敗的配菜……就算把這些組合起來，也絕對不會成為美味的便當。就算盛裝時輕鬆又簡單，放入便當裡的白飯和配菜（圖解的資料）也要用心製作，這才是作出美味便當的重點。相同地，在進行圖解時，也必須花時間好好地思考哪些資料要放入圖裡。

在第四章我會介紹，使用便利貼等工具，將腦中的點子全部寫出來後，再整理、挑選有用資料的方法。**養成圖解的習慣後，就能隨時隨地整理頭腦裡的想法**。換言之，就是隨時準備好美味的白飯與配菜。

需要一段時間的練習，才能在事前沒有準備的情況下，短時間內畫出具有說服力的圖，但是新手還沒辦法做到。因此，新手必須將點子寫在便利貼上，在畫圖之前，先把「材料」準備齊全才行。

圖解要在一分鐘之內完成，但是必須事前充足思考「哪些資料」要放入圖中，這是讓圖解更快、更有效的鐵則。

技巧 4

工作時才需要用圖解說明、溝通？生活大小事，都能用圖解分析、解答

學會圖解改善的技能後，工作能力便會大幅提升。不過，圖解並不是只有工作上才會用到，也可以應用在日常生活中。

用圖解，找出最多的「睡眠時間」

在我大兒子出生的時候，我們是用母乳和奶粉併用的「混合授乳」。剛生下來的嬰兒，不分晝夜，每隔兩到三小時就會吵著要吃奶。因此我太太幾乎沒辦法好好睡覺，疲勞與日俱增。

這時，我利用圖解分析「授乳的過程」：一次哺乳需要花七十分鐘。但是如果不餵母乳、單純餵奶粉的話，授乳時間就能縮短為四十分鐘。另外，如果是餵奶粉的話，身

為丈夫的我不但可以幫忙準備，甚至可以由我來餵奶。

因此我們決定每到半夜就暫停混和授乳，而只餵奶粉。這麼一來，我太太的睡眠時間便得以增加，慢慢地恢復了精神。

結婚、搬家、小孩就學、買房子……我們在人生中，會遇到許許多多的岔路。在這些時候，若能使用圖解來判斷，就能先分析最佳的做法，大大提高成功的可能性。

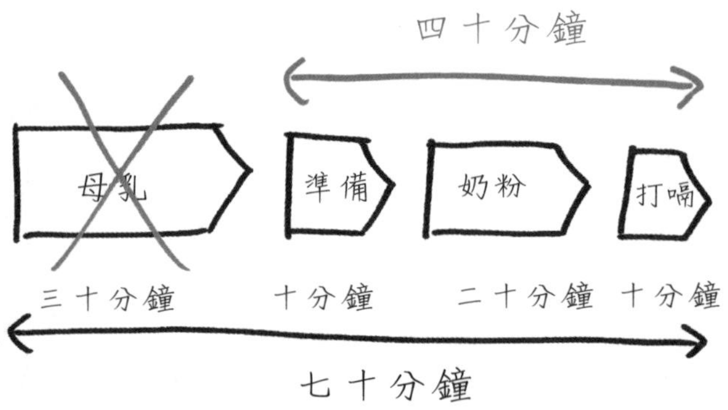

• 在生活中使用圖解，成功解決睡眠不足問題。

技巧5

圖解就是心智圖（mind map）？

新手用入門圖解，練習「整理資訊」

各位看過「心智圖」嗎？這是以某個關鍵字為核心，並從這個關鍵字開始聯想許多詞彙，再以放射狀線條連接後所形成的圖表。

最近教人繪製心智圖的書籍和講座愈來愈多，就連iPhone也推出了繪製心智圖的app，它的知名度正逐漸提高。

「心智圖」較複雜，適合進階者

圖解讀書會的學員中，也有許多喜歡心智圖的人。若能善加利用心智圖，將可帶來絕佳的效果。尤其是在想要把頭腦裡的諸多資訊「具象化」時，更是有莫大的助益。

不過，心智圖也有困難的地方。對於圖解的新手來說，想完成一張複雜的圖，是一種很大的負擔。另外，倘若好不容易完成了心智圖，卻因為太過複雜而無法理解，反而失去了「圖解溝通」的意義。

像心智圖這樣較為複雜的圖，要等已經熟悉圖解後再來使用。**在新手階段，只要專注於「收集、整理有用的資訊」，並「在短時間內畫出簡單的圖」這兩點上就好。**

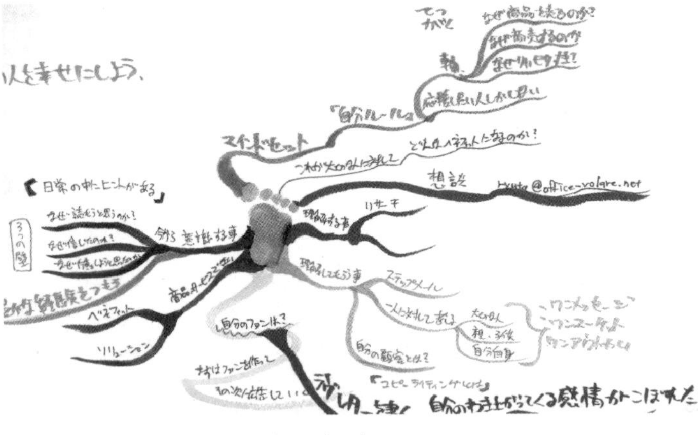

- 「心智圖」是高階的圖解分析法。

技巧6

很會畫圖，才能用圖解溝通？

隨手畫就能溝通，美觀不是重點

有些人以為我很擅長畫畫，但是這是個天大的誤解！下面這張「大象圖」，是我竭盡全力畫出來，個人是覺得已經畫得很好了……。其實，我雖然以自己的圖解溝通力為傲，但在「畫圖」上卻一竅不通。

盡情塗鴉！圖解不需會畫畫

我想市面上一般有關圖解的書籍或講座中，應該沒有作者或講師，敢像我一樣把這麼潦草的手繪圖公諸於世。

一般而言，讀者或參加講座的學員所看見的，都是很漂

• 用圖解溝通，不需要高超畫技。

亮的圖表或插畫。然而，我畫的畫雖然醜，但我一點也不在意將這些手稿公開。

這是我在NHK的節目中，現場替搞笑組合「UNJASH」分析演藝生涯時，用攜帶式白板畫出的圖解。由於渡部先生和兒嶋先生只在日本演出，因此我向他們提議：要不要試著去美國發展看看？

他們不僅立刻就看懂，甚至躍躍欲試：「如果是這麼簡單的圖，我好像也能自己畫、自己分析耶！」

想用圖解溝通、解決問題，不需要是畫畫高手。在各位明白圖解並不是畫畫高手的專屬工具後，就能抱著塗鴉的心情，輕鬆地畫出圖解。

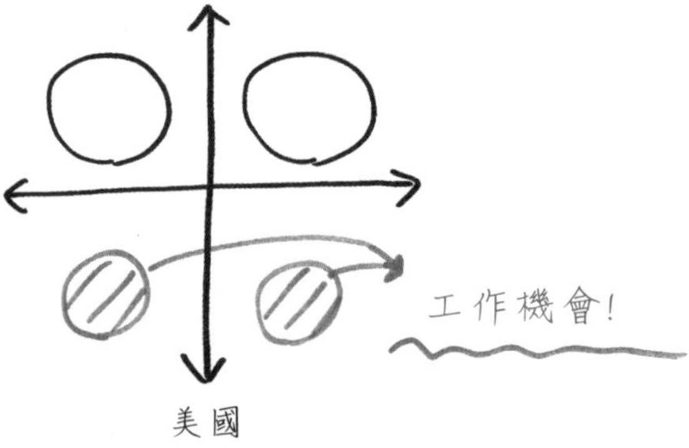

• 在NHK節目中，為搞笑藝人「UNJASH」諮詢演藝生活的圖解。

技巧7

一定要畫出相同的圖嗎？表達方式對了，格式無需相同

我所使用的圖，只有四種：「○」找出共通點，「△」將資訊系統化，「＋」比較兩種對立的資訊，「⇩」則可以掌握整體的順序，每四種圖有一個共同特色，都是都很「簡潔」。

我在圖解讀書會中舉辦分組活動時，很多人都會模仿我畫出一模一樣的圖形。因此，有些人認為「難道圖解一定要照著多部田先生的畫法、畫出同樣的圖嗎？」當然，這也是一種對圖解的誤解。

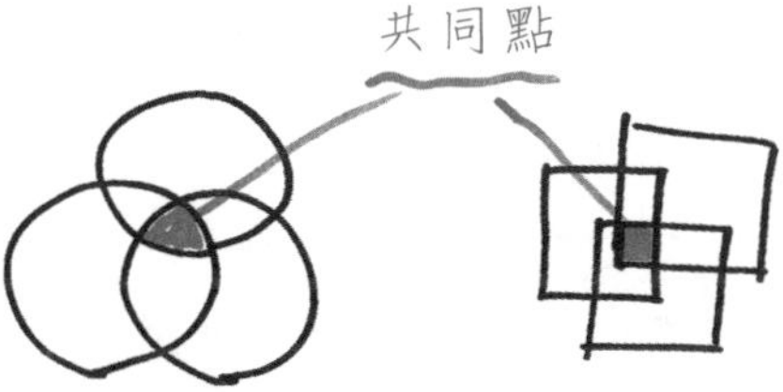

• 用圖解找出「共通點」。

整理想法才是重點，不是依樣畫葫蘆

如果圖形的本質一樣，那麼就算形狀有所差異也無妨，例如前頁的範例中，「○」，其實也可以用「□」代替，只要圖形的本質一樣、表達的重點相同就可以了。

此外，畫⇩圖的時候，只要能表達該圖的重點：「順序」，也不拘畫成什麼樣子。

製作圖表的目的，**並不是要畫出形狀統一的圖畫，而是整理腦中的想法**。因此，只要使用對自己來說簡單易記的圖畫樣式就好。

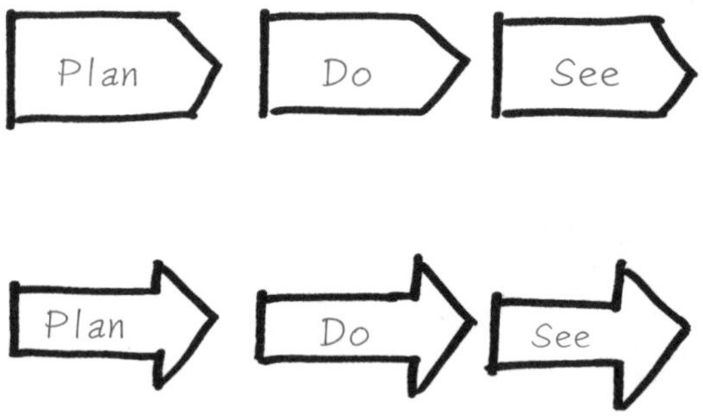

• 表達行動的「順序」。

技巧 8

圖解只能自己畫、自己看？用圖解溝通，人人都能幫你找好點子

大多時候的圖解，你得自己一個人畫，但是我卻希望各位讀者盡量和其他人一起畫圖。幾年前，我曾企劃過一個分組活動，內容是「為了找出想做的事，先寫出『不想做的事』」。當每個人面對著白板，寫下自己「不想做的事」時，每個人都覺得很不開心。

「記帳」

「陪部長打高爾夫球」

「在人前說話」

……

寫著寫著，有參與的成員發現「原來我心中負面的想法這麼多！」，然而寫完之後，向組內的其他成員說明時，心情就像運動流汗過後一樣地舒暢。

共同繪圖產生認同感，笑著笑著就解決問題了

或許是因為其他人展現出「我了解那種心情」的同感，又或許是得到了「只要換個想法，就會開啟另一條路」的建議，因此心中的陰霾便一掃而空。

若是自己畫圖、自己看，其實很難找出需要改善的要點和如何解決的方法；比起「獨自畫圖」，在畫完後聽取其他人的意見，才能將「圖解溝通」發揮最正面的效果。因此，我希望各位務必一邊與人對話或合作，一邊製作圖表。「表達後互相討論，達到溝通、解答的目的」，這正是我之所以如此重視讀書會的原因。和別人一起畫圖，獲得認同感和建議，便能在快樂的心情下解決問題。

如果不方便出席讀書會，也可以使用臉書等社群網路工具。和家人、同事等身邊的人同心協力，是一件非常美好的事。繪製圖解後，要記得和其他人分享，因為圖解已將自己的想法具象化，無論誰都能輕鬆看懂，因此更有機會得到好建議。

• 和別人一同繪圖，能有更豐富的收穫。

技巧
9

一張圖可以同時說明好幾個重點？
一張圖只說一個重點，避免失焦

象徵高階圖解的「心智圖」，可以同時含括許多不同的要素。但是我規定自己，在用四種圖形的基礎圖解溝通時，每張圖只能說明一個重點。因為若是加入太多要素，不管是畫圖的人或是看圖的人，都會感到混亂。

圖解溝通格式單純，多張圖也能一看就懂

例如，麥當勞（A公司）和摩斯漢堡（B公司）都有賣牛肉漢堡；另外，摩斯漢堡和肯德基（C公司）

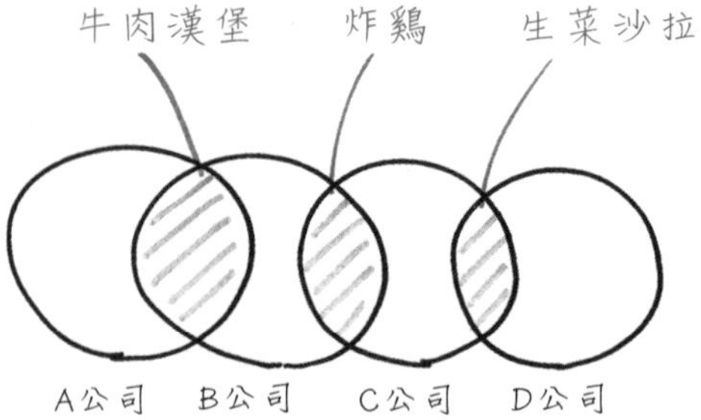

• 將ABCD四間公司的關聯性用一張圖呈現，共通點混雜，產生失焦。

都有賣炸雞；而肯德基和吉野家（D公司）則都有賣生菜沙拉。A公司與B公司、B公司與C公司、C公司與D公司，都各有共通點。

如果硬是要將這四間公司的關聯性用一張圖來呈現，就會像前一頁的圖，如此一來，共通點就會混雜在一起，使得重點失焦。最後，看到這張圖的人一定會出現「所以呢？」、「然後呢？」這種不明所以的反應。

這種時候，應該分別畫成三張圖比較好。由於圖很簡單，因此看圖者不容易感到混亂，同時也能直接傳達想要表達的重點。

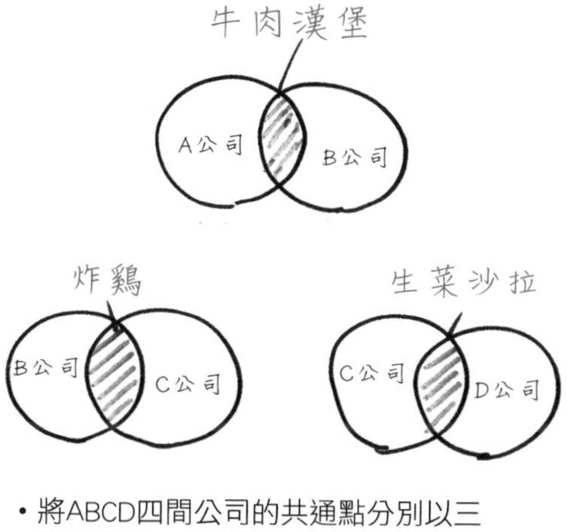

• 將ABCD四間公司的共通點分別以三張圖表達，簡單又能直接傳達重點。

技巧 10

只要畫完一張圖，就萬事OK？

圖解不是一次就完成

想用圖解進行溝通、分析想法，並不是畫好之後就結束了。人們常說「情書寫完後，必須放一晚，隔天再寄出」。在被沖昏頭的狀態下所寫文章，要是隔天再重看一次，一定會令人難為情到極點。因此，還是隔一段時間，等自己冷靜下來之後再寄給對方，才比較容易帶來好的結果。

圖解也是一樣，圖畫好後，放一小段時間後再看一次，經常會浮現出乎意料之外的點子。

好答案不是一畫就有，沉澱後的想法更可行

世界上大部分的事情，都無法一次解決。就算坐在電腦前思索良久，試圖畫出完美的圖，一次就畫好的情況也極為罕見。即便是我這位「圖解溝通專家」，也很少一次就把圖畫好。尤其是在新手階段，絕對不要有「一次就要畫出完美的圖」這種想法。

圖解畫到某個程度後，請暫時將它擱在一旁。可以放到隔天再繼續製作，也可以讓主管或同事看看，請他們提供意見。像這樣反覆地練習，就能減少畫完圖解後再思考的次數。

使用汽車衛星導航的時候，每當遇到要轉彎時，衛星導航都會提供我們「請在下個十字路口右轉」、「請在下個交流道下高速公路」等指示，而只要遵循它的指示，便能確實且迅速地抵達目的地。

相同地，圖解新手也應該接受他人的建議，不斷修正圖表。

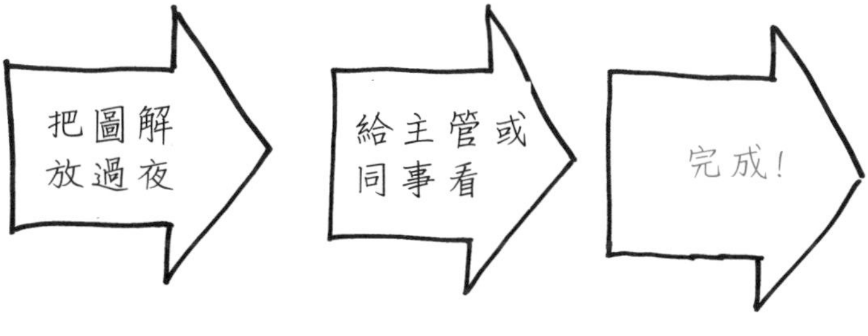

・將圖解放一晚，會有更好的想法。

專欄❷ 善用圖解，商務場合也能閒話家常

當賣方所提供的商品或服務，符合買方的需求，買賣才算成立。但令人意外的是，談生意的時候，有許多人總是不考慮對方的情況，而只把重點放在自己的商品或服務上。

因此，我建議在公事、交涉的場合，還是先閒話家常比較好。在閒話家常時，可以明白對方的個性和需求，更能降低彼此的戒心，讓生意談得更順利。

圖解對閒話家常也是很有幫助的，例

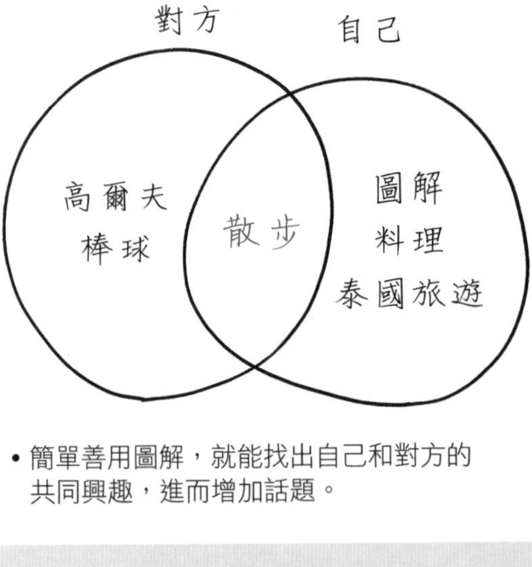

- 簡單善用圖解，就能找出自己和對方的共同興趣，進而增加話題。

對方年表（A先生）

	工作	私人
1998	進入◯公司	
2002	調職到東京營業部	
2004		結婚
2008		長子誕生
2011	晉升營業課長	
2012		次子誕生

• 將對方的簡歷整理成年表，輕鬆找到他「感興趣」的話題。

如，利用「◯」整理對方與自己的興趣，找出共通點，便能更容易展開話題。除此之外，你也可以將對方的簡歷整理成年表，就能順利地找出對方可能有興趣的話題。

事前分析對方的為人以及可能會感興趣的話題，便能避免談話在沉悶的氣氛下結束，或是突然沒有話題的風險。**不擅長閒話家常的人，「圖解」正是一個幫助你事先準備的好方法。**

第3章

用四種「圖形思考」解決所有問題

運用四種圖形「○△＋⇨」，深入核心發現真正問題，
更進一步讓你思考「解決」的關鍵字，
同時選出最好的方案與行動順序。

技巧 1

用△圖有系統地深入思考問題

從這章開始，就要進入讓你看起來精明幹練的「實地圖解」了。在開始之前，有個重點希望各位務必記得：**在圖解時，要用寬廣的視野，掌握事物全貌**。

各位有走迷宮的經驗嗎？一走進迷宮，就會迷失自己的位置，也不知道應該往哪個方向前進，因此容易陷入恐慌。然而，只要站在稍高一點的位置俯瞰迷宮，便能輕鬆地找到出口。

培養「一眼洞穿」的思考力

在日常生活中也一樣，一旦被眼前的狀況所蒙蔽，陷入「見樹不見林」的狀況，就會不知道該往何處前進。這樣一來，就會變得疑神疑鬼，削弱自己前進的力量。然而，要是從高處俯瞰整個狀況，就能輕易地發現最妥善的解決之道，心情上就會變得輕鬆，同時更有行動力。

圖解讀書會中，有幾位太注意細枝末節，而疏於掌握問題全貌的學員。但即使是這樣的人，在多次練習圖解後，也會逐漸理解。

「圖解」，是將頭腦中模糊的想法、或看起來很複雜的狀況好好整理，並讓其他人能輕鬆了解的工具。也就是說，它的存在是為了「幫助我們掌握全局」。希望各位要記得，比起拘泥於小細節，我們應該用更寬廣的視野來審視問題。接下來，我要為各位介紹，圖解中的「四個圖案」，如何幫助任職於某旅行社的A先生解決問題。

A先生總是將自己所知或想到的一切，一股腦地全部告訴客戶，因此講話時話題總是跳來跳去，經常讓客戶感到混亂，或是提出不符合客戶需求的旅行企劃，而被拒絕。在表達時，資訊太多、雜亂不連貫的A先生，藉由圖解的幫助，順利地提出非常好的行程提案，讓客戶非常滿意。

客戶提出的需求是：「三個大人，想要一趟兩天一夜的旅行」，A先生使用「△」圖解規劃並說明。

反覆「為什麼？」、「所以呢？」，找到真正的答案

在△的最上端，填入目前面對的問題。三角形圖解**正是不斷針對課題反覆詢問「為什麼？」或「所以呢？」，而加深對問題的思考，從中找到最好的解答。**

如果只看「三名成人，兩天一夜的旅行」這個主題，因為訴求太過模糊，A先生不知道該如何幫客戶規劃旅行計畫。因此A試著更深入地詢問：「為什麼想要旅行呢？」。於是，他得到客戶「因為想和父母一起旅行」的這個需求。A再進一步問：「為什麼想和爸媽一起旅行呢？」

客戶回答：「小時候，父母總是很忙，一家人很少在一起。所以我想跟他們一起快

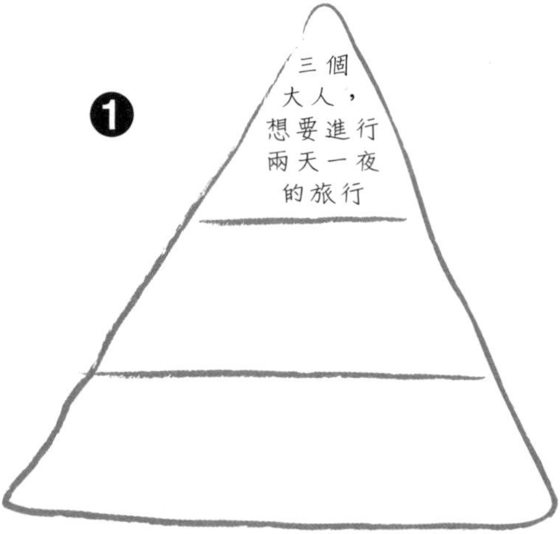
❶
三個大人，想要進行兩天一夜的旅行

• 先填入，「主題」（客戶的需求）。

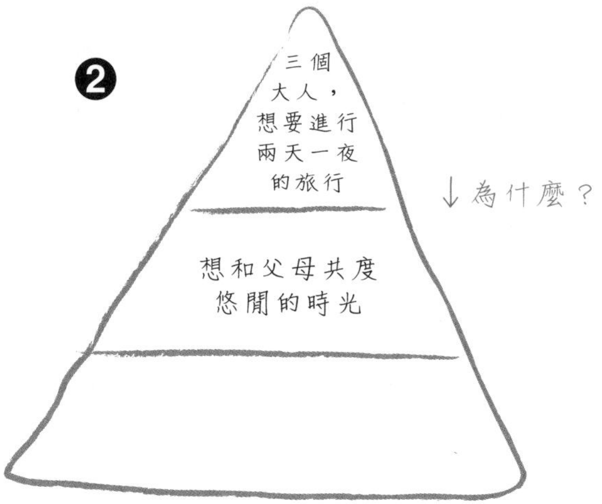

• 反問「想旅行的原因」，了解需求（原因）。

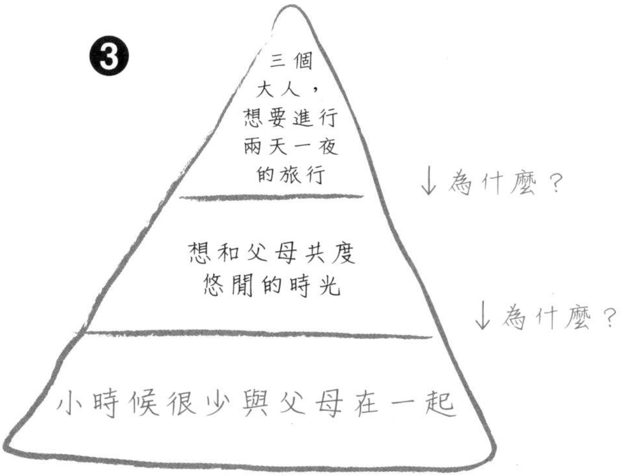

• 第二個「為什麼？」，發現深層需求。

樂地旅行，即使多花一些錢也無妨。」

以「改善」生產方式聞名的豐田汽車公司，在公司內提倡以「問五次為什麼」來解決問題。這對還不習慣的人來說，或許相當困難。不過，光是只問二次「為什麼？」，便能更深入地掌握客戶（對方）真正的想法。如果你是圖解新手，可以試著從繪製「深入問題核心的三階段△」開始。

△也可以用在「反推做法」上，在預測未來、擬定策略，或是分析原因的時候，可以用「▽」來思考。例如，假設最近來自亞洲的觀光客增加了，這時，我們可以透過反覆地自問

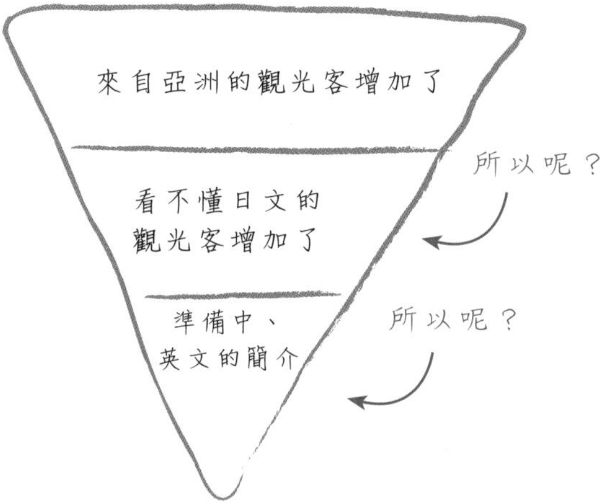

• 問在預測未來、擬訂策略的時候，可以用「所以呢？」來思考，此時三角形會變成▽。

「所以呢？」，得出以下的分析。

反推做法思考對策的時候，△會變成▽。原本模糊不清的大方向，透過反覆思考「所以呢？」，便可清楚知道該採取什麼做法。另一方面，深入問題核心，則能將具體的事物樣貌變得抽象化，探究其本質。

△最頂端，就好比冰山浮出海面的部份。只要針對填入此處的課題，不斷詢問「為什麼？」、「所以呢？」就能漸漸看清楚藏在海面下的冰山全貌。如此一來，便能更深入地思考，並有系統地掌握問題。

•「問題」好比冰山一角，反覆探問，就能看清楚全貌。

技巧 2

用○確認關鍵字中是否有「共通點」

接下來介紹的圖形是「○」，用於整理各種不同的要素，並讓不同訊息的共通點或關聯性「具象化」。首先，A先生以「自己能提供的服務」以及「客人所要求的服務」為關鍵字，將資訊整理好。

A先生所負責的旅行團，共有「超低價當日來回旅行」、「高級當日來回旅行」、「超低價兩天一夜旅行」和「高級兩天一夜旅行」等四種。

他畫出「自己能提供的服務」的表格，並在表格內填上內容。

如前所述，客戶所要求的，是「想和雙親享受一趟悠閒、舒適的旅行，即使多花點錢也沒關係」，將這些要求，寫在「客人所要求的服務」表格內。

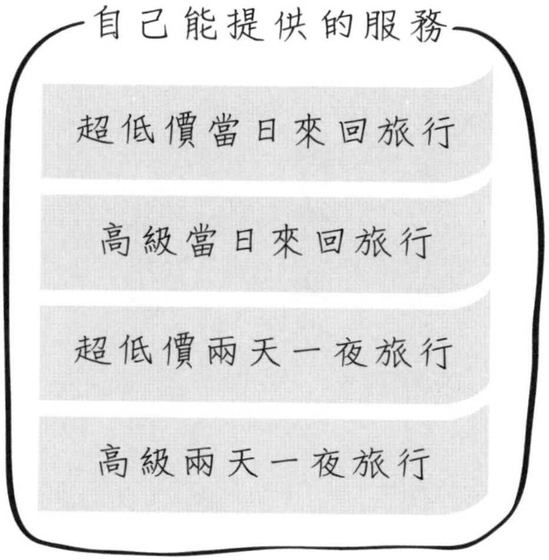

- 以「自己能提供的服務」為關鍵字，得出四種方案。

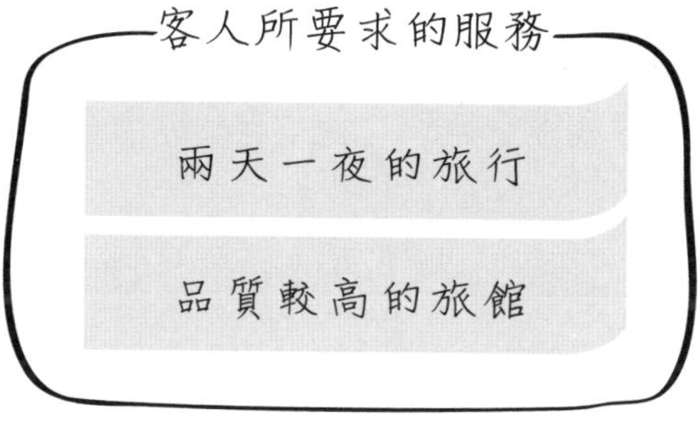

- 以為「客人所要求的服務」關鍵字，歸納出兩個要求。

從「共通點」找出最好的答案

接下來，就要思考這兩個表格的共通點。A發現，「超低價」與「當日來回」，都不符合客人的需求，因此「高級兩天一夜旅行」是最好的提案。做生意最基本的，就是找出「自家商品」與「客人需求」之間的共通點。這就是「〇」發揮功能的時候。

先分類，再找共通點

此外，「〇」也可以用來整理複雜的資訊。假設在旅行社工作的A手上有很多行程（商品），很容易混淆。但是，只要參考本頁的「資訊分類」法，頭腦一定會清晰許多。

把衣服收進衣櫃的時候，通常會依照種類，將

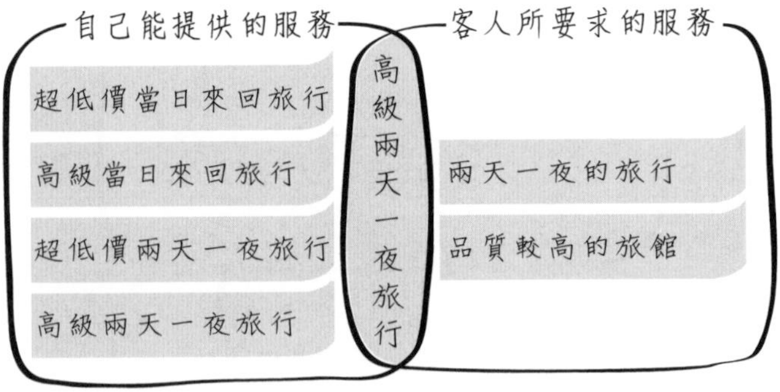

• 找出兩個表格的共通點，提供客人最好的方案。

衣服分類為夾克、襯衫等等。這是因為，如果把所有的衣服收在一起、不分類，在想要找特定衣服時，就得花上許多時間。頭腦也是一樣，如果讓腦裡的資訊一直堆積不動，頭腦就會不清楚，覺得思考是一件麻煩事。不過，只要把所有資訊寫出來，並用○圖分類，腦袋就會非常清爽。

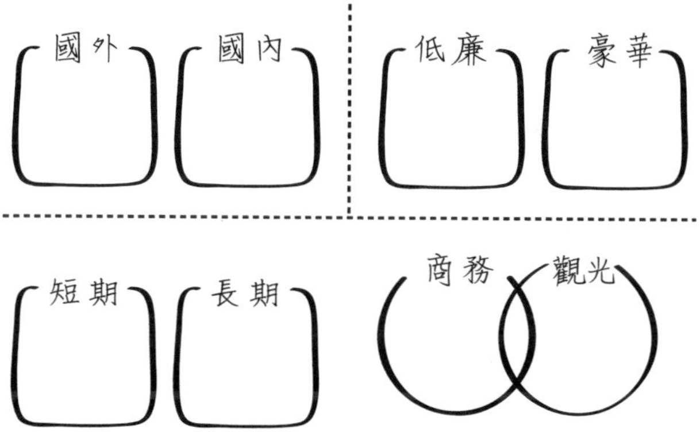

• 以為「客人所要求的服務」關鍵字，將相關資訊整理好。

技巧 3

用＋圖思考關鍵字的反義詞

接下來要應用簡單圖解，是**利用「兩個軸」掌握整體樣貌的象限「＋」**。這個圖可以利用兩組相對的關鍵字，歸納出應該採用哪一個方案。

A先生掌握了客戶的需求，並確信提供客戶高價位的兩天一夜旅行，是最佳的選擇。不過，客戶的目的地還沒決定。

A先生能提供的，有箱根、伊豆、青梅、鴨川等地的行程。他必須判斷應該推薦客戶哪一個地點。首先，**必須思考客戶最重視的需求——「想和父母親共度悠閒時光」**。

由於旅行的時間限制在兩天一夜，因此車程應該**愈短愈好**。因此A先生設定了「車程」的時間軸，將目的地區分為單程車程只須兩小時的箱根、青梅，以及單程車程須花四小時左右的伊豆、鴨川。

接下來，他思考的是客戶的第二個需求：「希望享受一趟舒適的旅程，多花點錢也無妨」。

於是，A又設定了「一晚住宿費」的「費用」軸，將目的地分為一晚要價兩萬日圓、但能享受高品質服務的箱根、伊豆，以及一晚一萬日圓左右，但服務品質較普通的青梅、鴨川。將以上兩個圖結合，可以得到下面清楚的圖解，從圖中就可以知道，能滿足客戶「車程短，和雙親在一起的時間長」、「雖然費用高，但可以享受高品質服務」這兩點需求的，就是箱根了。

換言之，最適合推薦給客戶的，就是「箱根高級旅館的兩天一夜旅行」。

善用＋圖的「比較特性」，便能一目了

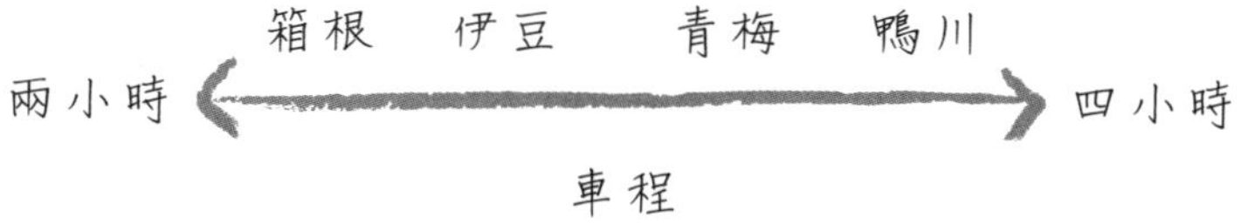

• 先設定「車程」的時間軸，列出二～四小時內能到達的地點。

• 設定「一晚住宿費」的費用軸，區分四個地點的要價與品質。

然地歸納出哪個選項最好。

這種圖在其他業種對客戶提案的時候，也能派上用場，在必須「下判斷」的時候，總是需要一些理由。只要能確定「**這個選項比其他選項好太多了**」，就能毫不猶豫地做出決定。因此，讓客戶看＋圖解，說明箱根比其他目的地要來得好，就能大幅提高客戶願意簽約的機率。

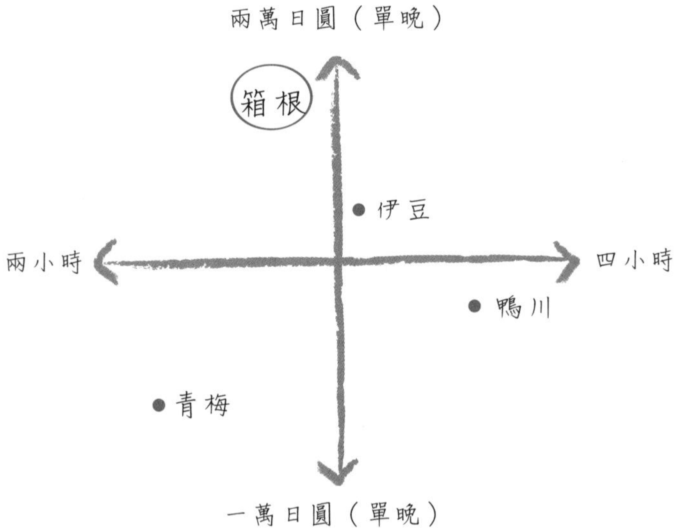

• 結合「時間」和「費用」兩大需求，
輕鬆找出最符合「客戶需求」的提案。

避免圖表複雜，最多不能超過兩個軸

不過，各位必須留意一點，那就是**放入＋圖的軸，最多只能有兩個**。

例如，假設在決定旅行目的地時，除了「車程」（時間）和「住宿費用」之外，還有別的軸。倘若想把那「第三個軸」放入＋圖中，這樣一來，就會讓圖變得複雜而難以理解。

想加入第三或第四個軸（條件）時，需要另外繪製一張圖。放入一張象限＋圖裡的軸（條件），只能有兩個。要維持圖表「簡單易懂」，保留快速、清楚的特性，就必須遵守這個鐵則。

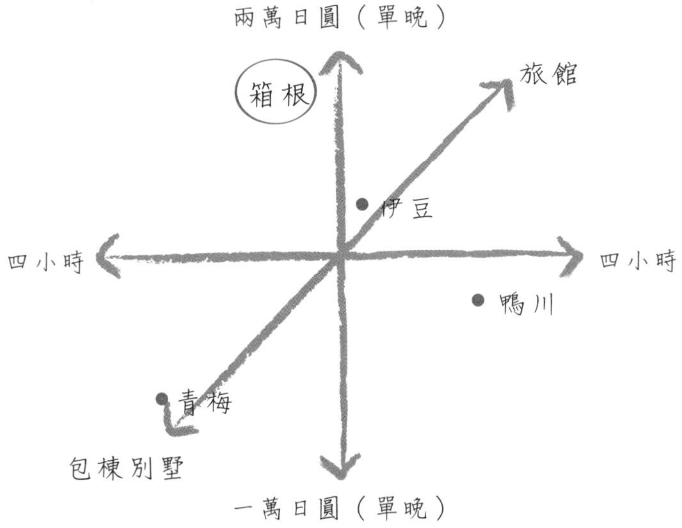

• 兩個條件一目了然，再多就顯得複雜。

如何選擇＋圖的縱軸與橫軸？

如前所述，＋圖必須利用兩個軸來進行圖解。那麼，我們應該依照什麼基準來決定軸呢？

我在讀書會上經常被問到這個問題，這正表示有許多人在使用＋圖分析時，都為此煩惱。不過，答案其實出乎意料地簡單：**從接下來要用＋圖進行比較的關鍵字（條件）中，挑出首要和次要的作為軸**。

例如你要去吃午餐，這個時候，你會以什麼為基準選擇今天的午餐選項呢？首先，我們舉出一些關鍵字

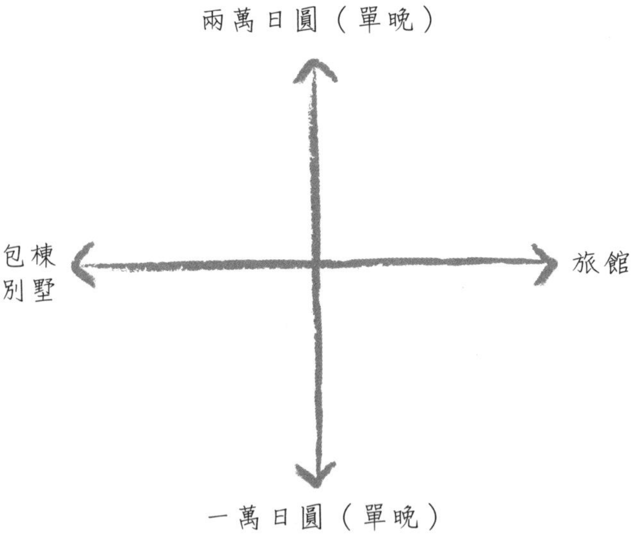

• 承上圖例，如果想加入第三或第四個軸，就繪製另一張圖。放入一張＋圖裡的軸，只能有二個。

（選項）。

各位的腦海中，應該會浮現「味道（好吃或不好吃）」、「份量（多或少）」、「價格（貴或便宜）」、「熱量（高或低）」等選項（軸），只要從中挑選出「首要的選項」與「次要的選項」，就能製作象限＋的分析圖了。

我們假設，一位「想要用最便宜的價格、填飽肚子」的男學生，以上的圖就是他的最佳比較圖。對他來說，最重要的關鍵字是「份量」和「價格」，因此便用這兩個項目作為縱軸與橫軸。這麼一來，就能知道比起份量少、價格貴的拉麵、蕎麥麵，份量

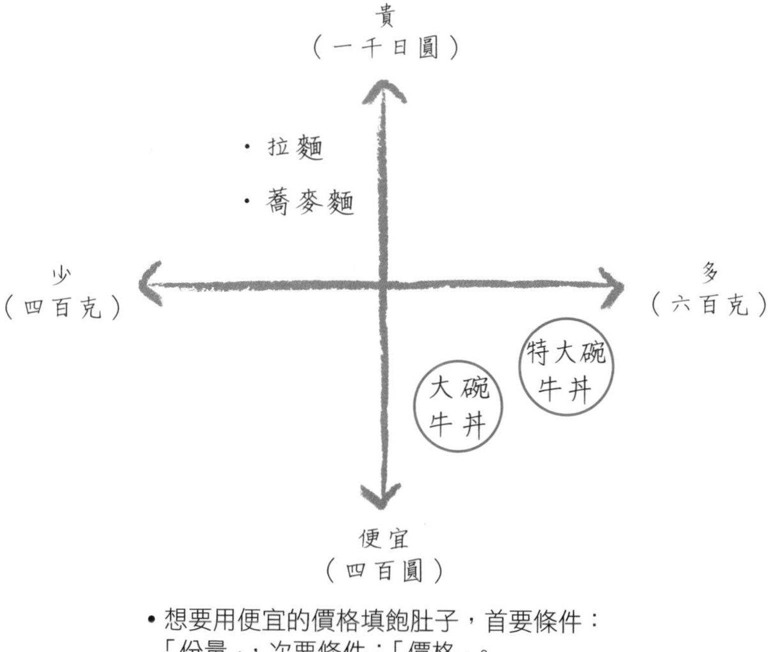

• 想要用便宜的價格填飽肚子，首要條件：「份量」，次要條件：「價格」。

多又便宜的牛丼才是比較好的選擇。而如果是在意自己體重的人，會選擇、使用的軸（條件）也會不一樣。

縱軸的「價格」和剛才一樣，但是橫軸則變為「熱量」。如此便可知道，比起「價格便宜、但熱量高的牛丼」或「熱量低、但價格貴的拉麵」，「熱量低又便宜的蕎麥麵」，才是最好的選擇。

用來當軸的關鍵字（條件），記得要挑選「成對」的，例如：「內用和外帶」、「日式料理和其他料理」等……也可以拿來做比較。

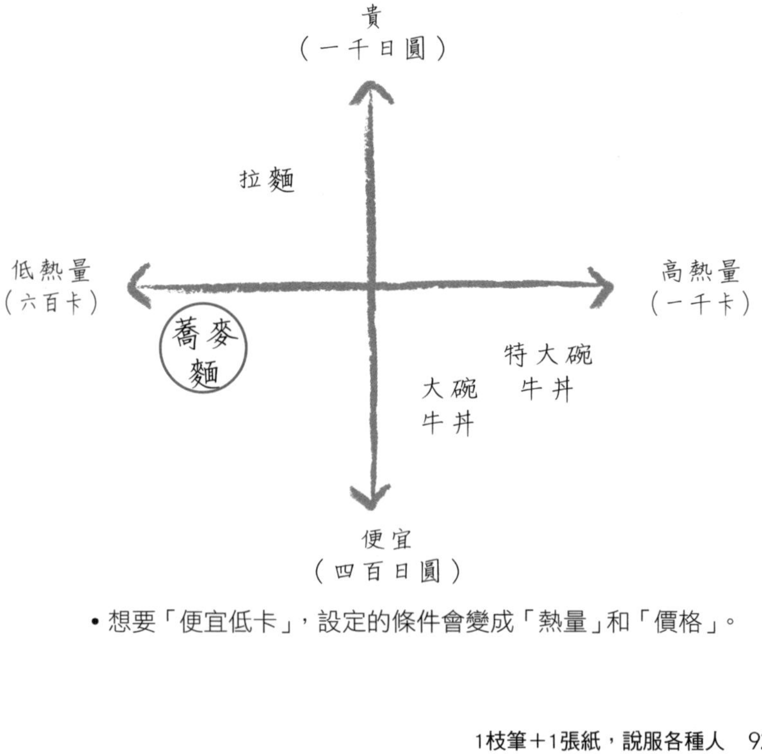

• 想要「便宜低卡」，設定的條件會變成「熱量」和「價格」。

技巧4

用⇩圖思考關鍵字的順序

最後要為介紹的是箭頭⇩圖，當你想將**「時間」或「順序」，簡單且明確地具象化時**，箭頭⇩就是最好的選擇。

在旅行社工作的A，為了向客戶說明接下來的手續流程，便繪製了下頁的流程圖。只要畫出這樣的圖交給對方，客人就能輕鬆掌握接下來的流程。這樣一來，就能加深彼此的理解，降低出現問題或客訴的危險。另外，利用箭頭⇩繪製旅行的行程表，也非常清楚易懂。

最多只用三至四個箭頭，避免流程複雜化

使用箭頭⇩時要特別留意的，就是**一個圖中，最多只能放入三至四個⇩**。假如放進太多要素，就會讓原本單純易懂的流程變得複雜。

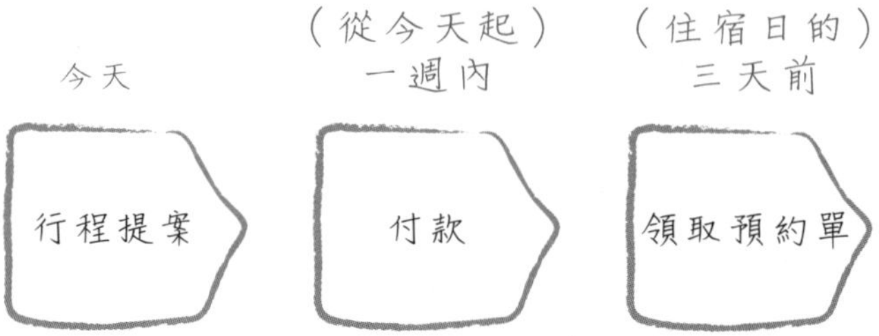

• 將「文字敘述」化為簡單的「重點流程」提要。

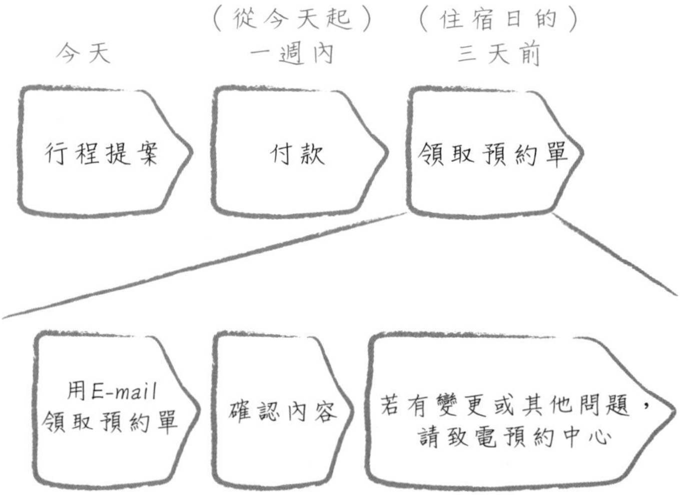

• 太複雜的步驟，可以分段說明。

如果階段太多，可以先畫出一個大的⇩圖，再附加細分之後的圖比較好。例如「領取預約單」的步驟較複雜，可以像上頁圖解一樣，再分為三個步驟。

另外，**繪製箭頭⇩圖時，也可以用時間軸來隔出區塊**。假設我們必須更新行程簡介的內容，現在要訂立計畫。這時只要畫出以下的流程，想必就能清楚地看出應該做的事項了。

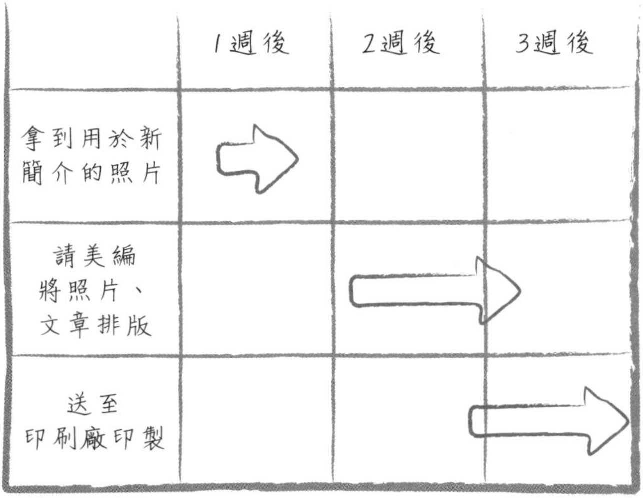
1週後
2週後
3週後
拿到用於新簡介的照片
請美編將照片、文章排版
送至印刷廠印製

• 箭頭再加上時間軸，同時掌握進度和內容。

技巧 5
一次把圖畫大，預留補充資料的空間

前面所舉「旅行社的A先生」的例子，由於只是要說明四種圖解的使用方式和特性，因此我將它單純化不少。

但是在現實社會中，狀況其實會更加地複雜，手上負責的商品種類可能更多，客人的需求也可能包含著各種要素。要整理多樣的資訊和需求，最重要的就是一開始就要畫出「大尺寸」的圖。倘若一開始畫的外框太小，在填入資訊之後，框框可能就滿了，最後只好重新繪製。

準備大張一點的紙，盡情把想法填入！

用來向對方說明的圖，在小型白板上應該就可以畫完了。但是，**用來整理腦中想法的圖，建議盡量要畫在大張的紙上**。畢竟頭腦裡所裝的資訊量，其實多得讓自己驚訝。

在圖解讀書會裡，我都會提供每組成員大型海報紙來畫圖。此外，我自己在家裡進行圖解的時候，最少也會用A4大小的紙張。

如果是在家裡，可以把海報紙貼在牆面上，另外在海報紙上黏貼便利貼，進行圖解。**「圖解」宛如一個收納箱，將我們頭腦裡的資訊整理得有條不紊。**準備較大的框框，盡情地將關鍵字填入，才是有效率的做法。

• 利用家中的空白牆面，無論工作、生活，都能用圖解整理。

技巧 6

善用箭頭，表現「關聯性」

這本書中所談的圖解，基本上用的是○、△、＋、⇩等四個圖案。但是，也有一些要素很難單靠這些圖案傳達，那就是「流程」和「關聯性」。在熟悉了前面的四種基本圖解的運用方法後，接著，我再為各位介紹，如何在**基本的四個圖形中，加入「箭頭」**的應用方法。

例如，下圖是一張表示商品與金錢流向的圖。透過巧妙地運用箭頭，便能清楚且充滿動感地傳達「流向」的概念。此外，圖表示

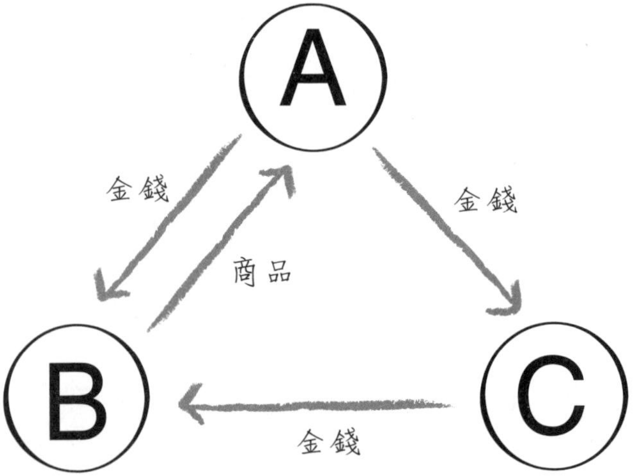

• 加上箭頭→，不僅說明關聯，還清楚表達「影響」。

的是多間企業之間的競爭關係和協調關係。在在下圖表示的則是B公司與C公司互相合作，另外成立了一間D公司的例子。

相信各位已經看出，只要在○圖加上箭頭，就能明確地表示出各公司之間的關係。

只要在基本的四個圖形中，再加入箭頭，便能提升圖解說明的品質。

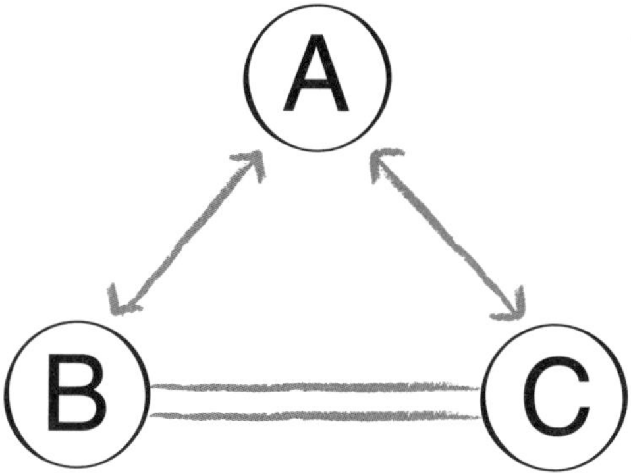

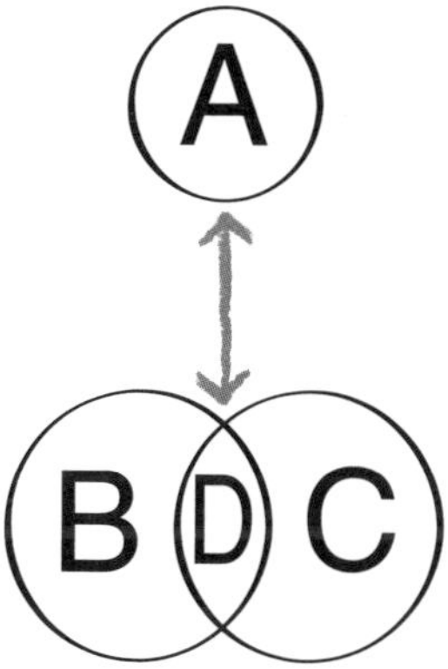

• 「→」充分表現「關聯性」和「流向」，彼此間關係一目了然。

專欄③ 將「目標」放入名片，個人特色更顯著

在異業交流會的聚會上，常會拿到只寫著名字和聯絡方式的名片。我總覺得，這樣好浪費**啊！**因為這種名片完全無法讓對方留下印象，也沒有與眾不同的特色。

我推薦放入自己「志向」的名片，人總是希望與和自己有同感的人一起工作。例如，我的夢想是藉由推廣圖解改善法，讓日本更有活力。

因此，當我遇見抱有「想要透過自己的工作，讓日本更有活力」這種想法的人，就會很開心，很想幫他什麼。換言之，**表明自己的志向，就能增加得到夥伴（人脈）的機會**。

例如，以「將社長從事務性工作中解放」為使命的公司：「OFFICE KISOOK」，經營者高倉己淑小姐製作了這樣的名片。

看到這樣的名片，第一眼就能知道這家公司以及經營者的目標。名片背後也運用了兩種圖解，再次清楚說明公司的使命感與服務項目。你也試著把自己的名片，加入「未來目標」，這樣的名片跳脫單單只是交換姓名和電話，同時也說明自己和其他人的差異性。

Kisook
事務処理仕事を完全マニュアル化し、
イザと言う時、慌てない仕組みを作ります!
事務員が辞めても
慌てない仕組みづくりの専門家
高倉 己淑
Sue Takakura
OFFICE キスク 代表
〒108-0023東京都港区芝浦[redacted]
TEL.[redacted] FAX.[redacted]
Mobile.[redacted]
E-mail.[redacted]
http://www.office-kisook.com

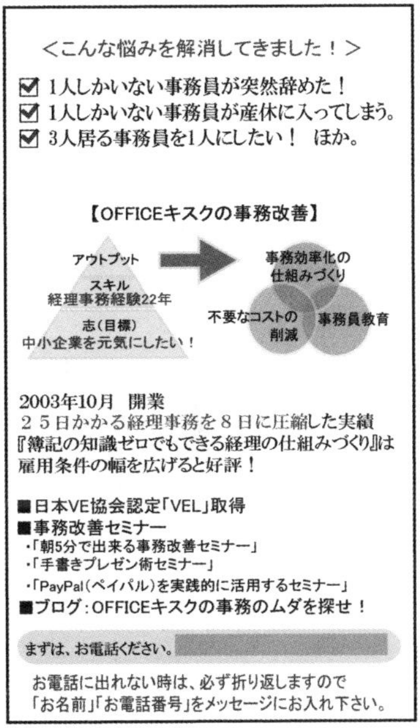
＜こんな悩みを解消してきました！＞
1人しかいない事務員が突然辞めた！
1人しかいない事務員が産休に入ってしまう。
3人居る事務員を1人にしたい！ ほか。
【OFFICEキスクの事務改善】
アウトプット
スキル
経理事務経験22年
志（目標）
中小企業を元気にしたい！
事務効率化の
仕組みづくり
不要なコストの
削減
事務員教育
2003年10月 開業
２５日かかる経理事務を８日に圧縮した実績
『簿記の知識ゼロでもできる経理の仕組みづくり』は
雇用条件の幅を広げると好評！
■日本VE協会認定「VEL」取得
■事務改善セミナー
・「朝5分で出来る事務改善セミナー」
・「手書きプレゼン術セミナー」
・「PayPal（ペイパル）を実践的に活用するセミナー」
■ブログ：OFFICEキスクの事務のムダを探せ！
まずは、お電話ください。[redacted]
お電話に出れない時は、必ず折り返しますので
「お名前」「お電話番号」をメッセージにお入れ下さい。

• 高倉小姐在名片上把她的「公司目標」和「強項」透過名片傳達。

第4章

突破工作和人生瓶頸，就靠圖解規劃法

圖解分析的七個步驟，可以套用在所有問題上，
拓寬思考方式；更有機會發現盲點，同時藉助逆思考，
找出時間最短、最有效的解決辦法。

暖身

圖解七步驟，問題迎刃而解

第三章裡，我說明了圖解溝通中所使用的四個圖案。接下來，就讓各位實際體驗，如何用這四種圖案來解決問題的流程。

五十多歲的K先生是一名自由工作者，職稱是「食品顧問」。他的工作是為餐飲業的老闆提供諮詢，告訴他們有關快速完成料理和展店的知識，並且協助這些餐飲老闆向金融機構申請融資。

然而，**他的業績逐年下滑，因此煩惱著自己的未來、不知該如何是好**。因此，我將K先生腦中的想法，依據以下七個步驟整理，幫助他解決這個問題。至於，該如活用圖解七步驟解決問題的詳細方法，就在以下章節中說明。

❶找出問題
❷整理問題
❸整合問題，找出關鍵字
❹用圖解深入挖掘關鍵字
❺掌握概況，找出解決問題的關鍵
❻思考解決的順序
❼轉達相關人員，或和其他人討論

步驟 1

找出核心問題

圖解第一步，就是「找出真正的問題」。

由於直接討論「業績下滑」沒什麼進展，因此，我決定先用「閒聊」，來了解K先生目前身處的狀況。

K先生高中畢業後，就在壽司店工作。擔任壽司師傅約十年後，便轉至連鎖迴轉壽司店，同時也負責管理的工作。他利用在這裡學到的知識，在三十五歲之後，進入了為餐飲業提供協助的顧問公司，開始「食品顧問」的職涯。然而，該公司大約在四、五年前倒閉了，而後K先生便以自由工作者的身分，繼續從事食品顧問的工作。

只看表面，問題當然無法解決

在聊到這些的時候，K先生脫口說出：「雖然已經向多部田先生學習圖解，可是卻完全沒機會用在拓展業務上。」

我心想，從事顧問工作的人，應該也會需要去拜訪客戶、拓展業務才對，怎麼會沒機會用到呢？於是我問了K先生「**為什麼沒機會用到？**」

結果K先生說：「他從來沒有開發過新的客戶」。

我又再次追問：「**為什麼不去開發新客戶呢？**」

K先生回答：「因為在前公司認識的客戶，直到現在都還會找我。」

沒有跑業務，卻還是有客人——站在某個角度來說，這正是一種極為理想的狀況。從這點看來，我想K先生在工作上的表現一定備受肯定！因此我對他說：「這樣還不賴

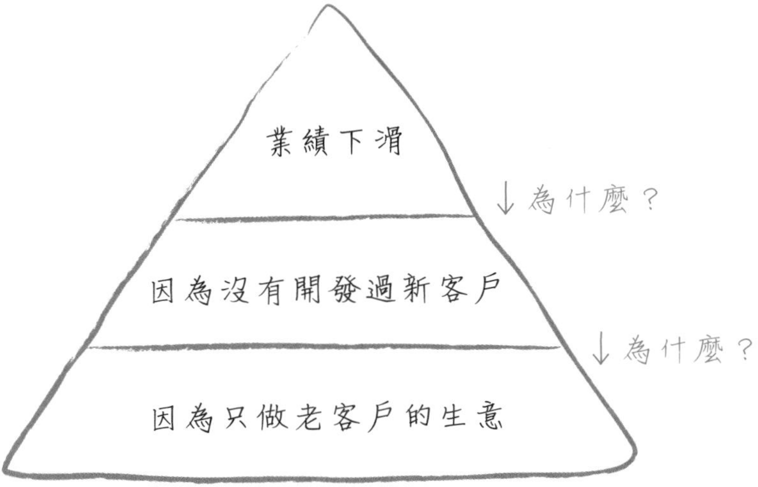
業績下滑
↓為什麼？
因為沒有開發過新客戶
↓為什麼？
因為只做老客戶的生意

• 透過不斷問「為什麼」，靠近問題的癥結點。

耶，都不用外出跑業務呢！」

然而，K先生的臉卻突然沉了下來。

「唉，這就是坐吃山空吧？而且，等到客戶的業績成長，顧問的責任就告一段落、合約也就終止了……啊，我知道了！要是我不去開發新客戶，未來的生計就會堪慮。原來這就是我最大的煩惱，居然現在才發現！」

這時我所做的，就是**不斷地向K先生提問**，這正是找出問題癥結的技巧。當各位感覺煩心時，就反覆地問自己「為什麼？」，這樣一來，便能更深入地挖掘出讓自己煩惱的問題核心。

步驟2 列出原因，分類整理

對K先生來說，最大的問題就是新客戶完全沒有增加，導致他對未來懷抱著不安。因此，我決定再更進一步，將原因整理出來。

在這個階段，一直問「為什麼？」也是很有用的。「為什麼你只做老客戶的生意呢？」對懷抱煩惱的一方不斷深入提問。如果煩惱的人是自己，就試著對自己提問：「為什麼會這樣呢？」。

把想到的全都紀錄下來

在第二個步驟中最重要的，就是**把想到的全部說出來**，不能只在腦中用想的，就算只是微不足道的小事，也要說出來、並且一條條筆記。

關於無法增加新客戶的理由，K先生的解釋如下：

只做老客戶的生意

不敢挑戰新的事物

能力從十年前
就沒有進步

餐飲業很少有
企業接受顧問

花了太多時間
累積實力

在廚房工作時
很少與人談話

只須聽從老
師傅的指示

沒有幫忙過
外場工作

大家都說我
看起來很兇

沒參加餐飲
業界的講座

現在做的事和
五年前一樣

總是和同樣的人對話

常被人問「你沒有
做其他事嗎？」

不擅管理

想要默默地工作

沒有跑過業務

等著客人主動邀約

沒有做過簡報

不擅與人談話

說話的時候
容易緊張

說話時不敢直視對方

曾參加講座
但沒有收穫

讀了很多書
但沒有實踐

覺得自己和去年
沒兩樣

• 首先，將原因全部列舉出來。

這麼一來，就能輕鬆地釐清思緒。很多時候，更能從這些單字、短句，聯想到其他的關鍵字。在這當中，或許會出現一些很相似的項目，但是在這個階段裡，可以不用太在意，最重要的是將所有的想法都列舉出來。

我在第一章曾提到：「一張圖要在一分鐘之內完成」。不過，在進行圖解之前的準備階段中，則必須花上許多時間，把關鍵字一一列出。

只要使用圖解，就能在極短的時間內將事情整理好。但是要注意，**沒有完整收集到全部的資料前，就開始進行整理，是沒有意義的。首要之務，就是將腦袋裡模糊不清的想法「全部寫出來」**，這是進行圖解時所不可或缺的步驟。

習慣了之後，便能一邊聽對方說話，一邊挑出重點紀錄。不過，在還是圖解初學者的時候，必須確實做到「把所有的想法都記下來」。

重新檢視筆記，並將各項原因歸類

聽完了K的敘述之後，我們再回頭重新檢視筆記。和剛才的步驟一樣，繼續問「為什麼？」，如果看出了共通點，就把項目分在同一類。

「統整」、「大致瀏覽」的工作很簡單，因此建議各位**逐一紀錄在便利貼上**。例如，K先生在說話時會緊張，是因為他在當壽司師傅的時候，只需要聽從老師傅的指示即可，在廚房裡幾乎完全沒有說話的機會。

這時，我把筆記分成三個類別：「很少機會與人談話」、「沒有行動能力、缺乏熱情」、「沒有招攬新客戶」，並將剛剛全部列出的原因分到各個類別中。

將K先生的話整理過後，真正的「問題」就會漸漸變得明朗。首先浮出第一個問題，是K先生很少有機會「與人對話」，尤其是他很少有機會與陌生人交談。接著，我發現了他並沒有積極採取行動，這也導致他「無法增加新客戶」的結果。

這樣一來，我們便能清楚地看出K先生目前的主要問題了。

①很少有機會與人談話

- 沒有做過簡報
- 想要默默地工作
- 在廚房工作時很少與人談話
- 只須聽從老師傅的指示
- 沒有幫忙過外場工作
- 大家都說我看起來很兇
- 不擅與人談話
- 說話的時候容易緊張
- 說話時不敢直視對方
- 不擅管理

②沒有行動能力、缺乏熱情

- 覺得自己和去年沒兩樣
- 不敢挑戰新的事物
- 能力從十年前就沒有進步
- 現在做的事和五年前一樣
- 曾參加講座但沒有收穫
- 讀了很多書但沒有實踐
- 常被人問「你沒有做其他事嗎？」
- 沒參加餐飲業界的講座
- 餐飲業很少有企業接受顧問

③沒有招攬新客戶

- 只做老客戶的生意
- 總是和同樣的人對話
- 沒有跑過業務
- 等著客人主動邀約

• 將「原因」和「想法」分門別類。

步驟 3

整合問題，找出關鍵因素

如果不能開拓新的客源，就等於K的前途與未來也將陷入危機。然而，K似乎仍然不敢採取行動……這究竟是為什麼呢？

在我看來，K先生具有豐富的社會經驗，又擁有身為顧問的知識，只要他拿出自信來跑業務，一定能開拓新的客源才是。

「為什麼不去跑業務呢？我覺得K先生一定能做得很得心應手。」

我又再追問。K先生回答，他覺得自己無法勝任業務工作，因為沒有相關經驗，因此很害怕跑業務。

「那麼，你的人生經驗如此豐富，又為什麼會害怕跑業務呢？」我繼續追問。

避免用「為什麼」質問，耐心等待回應

在這個階段要特別注意的是，避免用一連串「為什麼」來詰問對方。我們的目的是要解決、排除K先生的煩惱，因此絕對不可以營造出像是在「詰問」的氣氛。

只要盡量讓語氣溫和，並站在對方的角度、與對方一起思考，就能順利地引導對方說出內心的煩惱。

不過，有時候甚至要等上好幾分鐘以上，才能聽到對方的回答。就算在這種時候，也絕對不可以誘導對方說出答案。最重要的是耐心等待，讓他自己找到最適切的答案。

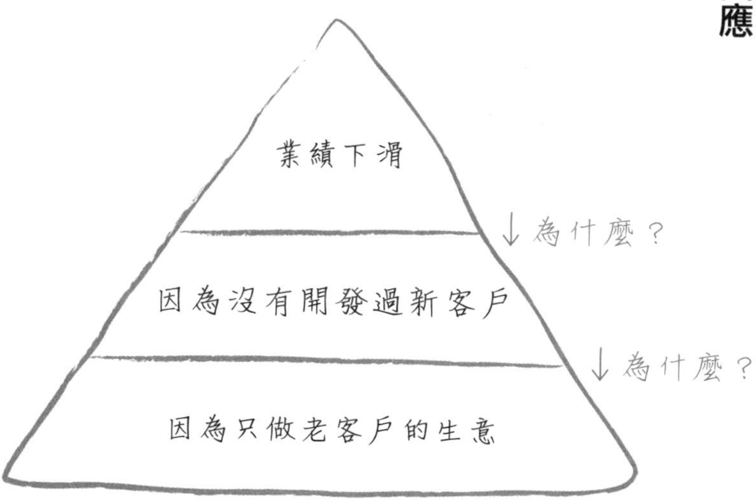
業績下滑
↓為什麼？
因為沒有開發過新客戶
↓為什麼？
因為只做老客戶的生意

• 連續兩個「提問」，深入問題的根本。

K先生思忖良久，過了半晌，他回答：**「我很討厭被別人看到自己犯錯的樣子或笨拙的一面。**或許……這就是我不敢去跑業務的原因。」

K先生有個大他兩歲的哥哥，小學時，兄弟倆曾一起加入棒球社。哥哥發揮了實力，立刻被選為先發選手，得到出賽機會。但是K先生因為年紀較小的緣故，渡過了一段坐冷板凳的日子。

不甘心的K先生奮發圖強，私底下不斷地練習。據說他每天夜裡，都獨自一人前往公園練習揮棒。而後他的棒球實力大幅提升，終於能夠出

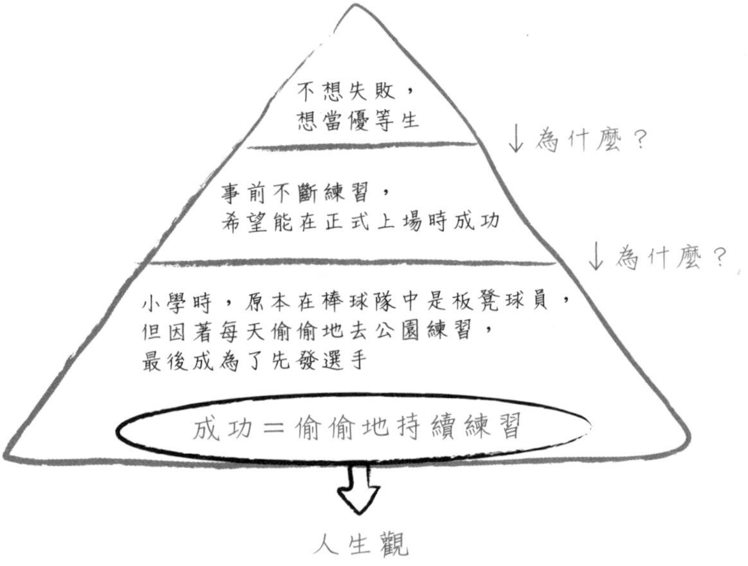

• 不僅找到問題的根本，也發現自己的「人生觀」。

賽，並在比賽中表現出色。

這對K先生來說，是非常重要的成功經驗。自己在暗地裡偷偷地練習，在正式比賽時展現出帥氣的一面——這正是K先生面對人生的態度。

反過來說，我也明白了，他想盡量避免在正式上場時，因失敗而丟臉的情況發生，K先生想在人前表現出「完美」的樣子。

「私下偷偷地練習，在完全熟練之前，都不想去跑業務」——這個想法，正是一直存在於K先生心中的阻礙，而這就是問題所在。

步驟 4

用「相反的想法」來思考

對K先生來說，「為了開發新客戶而跑業務」是必須的，但「不想挑戰自己不擅長的拓展業務，讓自己笨拙的一面被人看見」這樣的心情，卻形成了一種障礙。我決定再更進一步思考，該如何解決這個問題。

只要能找到「不用在人前展現笨拙的一面，也能學會拓展業務的方法」，就能解決K先生的煩惱。

例如，透過參加講座或讀書學習知識，多累積練習的經驗，再開始跑業務，說不定就不會在人前出糗了。

只是，K先生覺得這個方法似乎有難度，畢竟他連一次跑業務的經驗都沒有。因此，他無法判斷要練習到什麼程度，才能達到「不會出糗的等級」。此外，參加講座或看書來學習業務技巧，似乎得花上很長一段時間，對於忙碌的他來說，這其實很難做到。K先生的想法，幾乎快把自己逼進了死胡同。

逆向思考，擺脱問題盲點

這時，我提議：「如果不要用參加講座或讀書等方法磨練技巧，而是採用完全相反的方式呢？」

K先生和我一起沉思了一會兒，最後浮現在腦海的，是「不要害怕失敗，透過實際行動練習拓展業務」這個做法。

當想法快要陷入瓶頸的時候，只要**逆向思考**，就比較容易出現較宏觀的想法。當我說出「勇敢挑戰拓展業務，不怕失敗」的這個點子時，K先生驚訝地說：「對了，原來還有這種方法呀！」當你的想法變得更寬闊、擺脱過去的盲點後，自然就能想出其他

透過參加講座或讀書來練習拓展業務 ↔

- 透過參加講座或讀書來練習拓展業務。
- 不怕失敗，透過「實踐」來練習拓展業務。

• 逆向思考，擺脫瓶頸

的做法。

「偷偷練習，待具備自信後，再挑戰跑業務」、「不要怕丟臉，直接上場，在實務中累積業務經驗」以上兩者，何者對K先生來說比較好呢?在下面的步驟，我們將從「時間」與「成效」的觀點，來決定優先順序。

步驟5 找出短時間內見效的方法

在〈步驟四〉中，我們找到了「透過參加講座或讀書，練習拓展業務」以及「不怕失敗，透過實踐來練習拓展業務」這兩個解決方法。

決定方法後，用+導出四個解決方案

除了「練習拓展業務」的兩個方法外，我們再用「拓展業務的對象」、也就是「顧客」，做出另一個軸。依照「練習方式」和「客戶」做出象限+圖後，便能依據不同的客戶與做法，得出四種方案，而每種方案都具有其特徵。

【方案一】透過讀書或參加講座，累積經驗後再開始對老客戶拓展業務

需要花很多時間練習才能熟練，而且並非「實地的訓練」，因此是否有效果，也還是未知數。

【方案二】透過讀書或參加講座，累積經驗後再開始對新客戶拓展業務

需要花很多時間練習才能熟練，且並非實地的訓練，因此是否能產生效果也還是未知數。

【方案三】不怕失敗，以老客戶為對象累積業務經驗

只要克服害怕失敗的心情，就能立刻實行。另外，老客戶已經對K先生的能力有某種程度的認可，因此就算業務技巧還不熟練，也可期待他們多少能睜一隻眼閉一隻眼。

【方案四】不怕失敗，以新客戶為對象累積業務經驗

只要能開拓新客源，就應該會對未來的業績有幫助。只是剛起步時，業務手腕尚不純熟，因

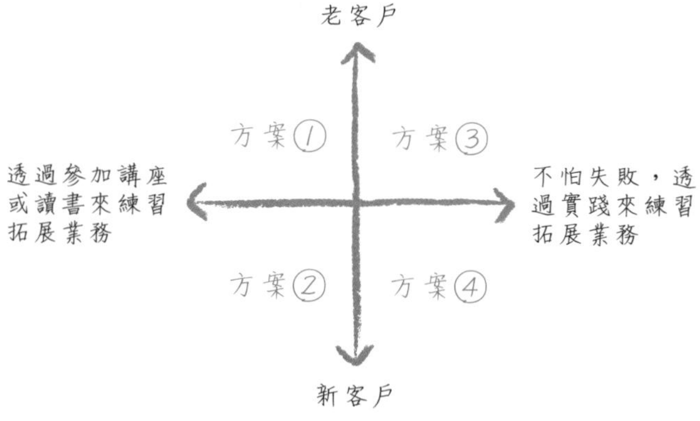

• 依據「顧客」與「做法」不同，畫出＋圖並導出四個方案。

此可能得花上一段時間才能成功。

依序排出「快速又有效」的方法

從圖中看來，有可能在短時間內收效的，是方案三；而雖然可能需要花一點時間，但可以期待會有豐碩成果的，則是方案四。相對地，方案一與方案二不但花時間，又似乎沒有什麼效果。因此，我們可以進一步發現解決方案的優先順序。

首先進行的，就是**能在短時間內收效**的方案三，「先別想自己在開拓業務上的笨拙，重新調整心態，對老客戶進行推銷就好了」。

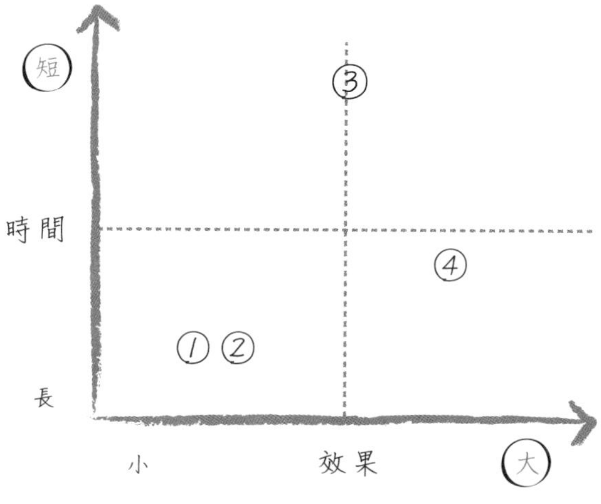

• 活用「→」和「＋」，哪個方案較好？一看就懂。

只不過，光靠這點，或許很難達到提升業績的目標。因此，等K先生對自己的業務能力擁有自信之後，再進行方案四。而又費時、又沒有太大成效的方案一、方案二，基本上可以不用考慮。

就這樣，K先生的行動方針便定案了：首先克服害怕失敗的心理，對老客戶進行推銷，累積經驗；等對自己的業務能力有信心了，再開始挑戰推銷新客戶。

接下來更重要的，就是確實地執行了。

步驟6 定出「行動計畫」，朝目標前進

拋開害怕出糗的心態，挑戰推銷業務——在這樣下定決心的瞬間，K先生的心情似乎頓時變得輕鬆不少。這是因為他決定了該前進的方向，思緒也整理清楚了，因此便有了積極向前的力量。

有了目標後，要確實行動

只是，縱使決定了目標，如果沒有實際行動，就沒有意義。因此，現在我們要**把應該開始做的事項，一一填入「行動計畫」裡**。

根據K的說法，開始跑業務之前，必須做好下列準備：

- **確認自己有多少知識能夠提供給客戶。**
- **將過去的業績整理成推銷用的書面資料。**

・收集老客戶的需求等相關資訊。

・列出新客戶名單。

這些不一定要同時進行，例如「確認自己有多少知識能提供給客戶」，這一項應該優先處理。因為如果不知道自己能幫上客人什麼忙，便無法製作推銷用資料，也無法練習推銷時的台詞。

而新客戶的名單，則可以晚一點再製作。就像在〈步驟五〉中所確認的，K先生要先透過向老客戶推銷，培養出自信後，再向新客戶進行推銷，因此不需要現在立刻列出新客戶名單。

這麼一來，我們就可以用⇩畫出以下的行動流程圖。

「行動計畫」，一步步前進夢想

此外，也可以寫下各項目著手進行的時間，畫出下頁的「計畫圖」。就這樣，K先生的「拓展客戶」計畫方案便完成了。

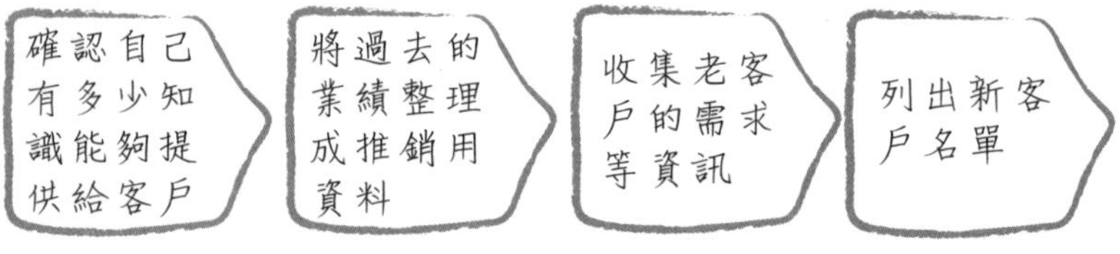
確認自己有多少知識能夠提供給客戶
將過去的業績整理成推銷用資料
收集老客戶的需求等資訊
列出新客戶名單

• 列出「行動計畫」內容後，用⇨排出實踐的順序。

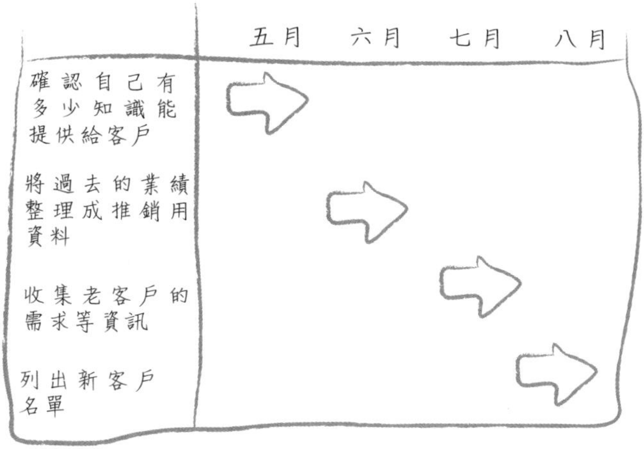
五月
六月
七月
八月
確認自己有多少知識能提供給客戶
將過去的業績整理成推銷用資料
收集老客戶的需求等資訊
列出新客戶名單

• 加上「時間」，確定各個行動的進度。

在用圖解找出問題並明確定出計畫和順序後，K突然間開朗起來，和剛才簡直判若兩人，因為他透過圖解，發現了自己的問題、和自己的「真正煩惱」溝通，掌握了具體的目標後，充滿了積極向前的能量。

步驟 7

請教更懂的人

透過以上六個步驟，我們釐清了問題。接著，我們也明白了該怎麼做，才能解決問題，但不能停在這裡就結束了，透過**最後〈步驟七〉，「請教更懂的人」，就能讓一連串「找出問題、解決問題」的過程更完美**。

K先生選擇透過實地演練來鍛鍊推銷技巧的方法，但若只是一味地推銷，便很難察覺自己所欠缺的推銷技術，以及應該學會哪些技巧。

彎身，可以跳得更高

因此，在開始和客戶面對面鍛鍊推銷技巧前，他應該先去請教能毫不保留地給自己意見的主管或前輩；接著，再去向自己比較熟稔的老客戶推銷、累積經驗。最後一步才是開發、接近新客戶，這才是最有效率的方法。

請身邊的人指出自己的問題以及未來該走的路，有很多好處。最大的好處，就是很容易找到可以一起奮鬥的夥伴。

只要你勇於向對方提出：「我想要拋下害羞的個性，盡全力拓展未來業務！」那麼便很可能會得到以下善意的回應：

「那我就教你我的推銷方式吧！」

「我也正為如何推銷而煩惱，我們一起加油！」

如此一來，貴人（人脈）也許就會從意想不到的地方出現，甚至可能幫我們介紹新客戶。如果光是在居酒屋抱怨，「我都不知道怎麼增加客戶」，問題也不會解決。**透過圖解，整理並發現真正的問題，找出解決方法、順序，並請教最懂的人**，這麼一來，沒有事情是無法解決的！

• 排出讓「精進推銷技巧」更有效率的順序。

專欄 4 花一年和百位女性聯誼，卻一直找不到理想對象？

我有一位學長，曾在一年之內和百名女性聯誼。

他並不是花花公子，反而是以結婚為目標，一心想遇見自己心目中理想的對象。然而，無論他參加過幾次聯誼，都遇不到心儀的女性，因此來找我商量。

學長說，他喜歡個性好的人，不是很在乎外表。此外，他以前曾經與一位亞洲女性交往，甚至已經到了快要結婚的地步。

統整了學長說的話，我明白他非常喜歡外國人。於是，我用以下的＋圖解，讓學長了解自己「真正想要的對象」。

學長喜歡的，是「個性好的女性外國人」。然而，他在聯誼上遇到的女性，卻都是「個性好的日本人，或是外表美麗的日本人」，這麼一來，他遇見心儀對象的機率，應該相當低。

看到這張圖解說明的瞬間，學長驚訝地說：「原來如此！為什麼我之前都沒發現！」於是他立刻取消所有聯誼，轉而尋找能邂逅外國人的場所。最後，僅僅過了一個月，他便告訴我：「我有喜歡的人了！」

正在為情所苦的朋友們，也可以試試看用圖解，不只工作、生涯規劃，甚至是感情難題，各位一直以來所煩惱的事，都能立刻解決！

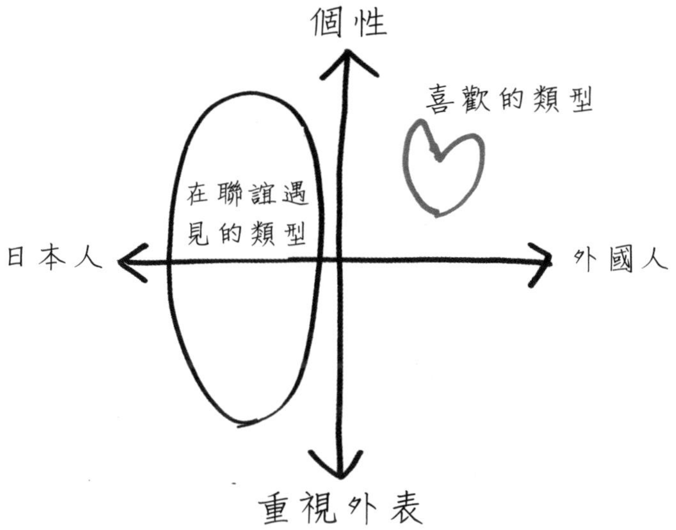

• 學長真正喜歡的女性，原來是「個性好的外國女性」。

第5章

換工作或自我介紹，一定要學會「圖解自我分析」法

不懂得一出場就表現自己優勢的人，注定被淘汰！
用圖解七步驟自我分析，找出你最具競爭力的強項，
發現自己「獨一無二」的特色。

步驟1

為什麼別人看不到我的強項？

在第四章，我已經介紹過了用圖解來解決問題的七個步驟。在換工作或自我介紹時使用圖解，能幫助你在對方心中留下更深刻的印象。此外，在非正式的自我介紹時，圖解也很有幫助。使用圖解時，「解決」和「溝通」的思考順序幾乎是一樣的。接著，我舉出自己在面臨轉換跑道時，利用圖解來思考的順序為例，介紹給各位。

週末時間，我都會以「圖解溝通專家」的身分舉辦讀書會，但平日的我，則是個任職於汽車製造商的上班族；我隸屬於「採購部門」，職稱則是「採購」（buyer，買東西的人）。

在自我介紹的時，如果說出「我在公司裡擔任採購的職務」，那麼對方通常會有以下的回應（問題）：

「你經常飛去世界各地吧？」「你是不是經常接受招待？」「你會欺負承包商對吧？（笑）」「你應該很清楚東西的價值吧？」「你好像很注重邏輯呢！」「你一定很擅於交涉吧？」「你的工作目標就是降低成本對吧？」……。

因此我們可以知道，每個人對於「採購」這個工作所抱持的印象，可說是截然不同。

也就是說，**如果只靠職稱，是無法正確地將工作內容傳達給對方的**。

為什麼別人看不到我的優點？

我想，不只是採購，像是業務和行政等職務，「雖然有一個確切的職稱，但是要將實際工作內容正確地表達出來，卻意外地困難」，這種工作一定有很多。

若無法傳達工作的內容，自然也就無法告訴對方，自己在這份工作中所發揮的「長處」。

例如，就算對一個從來沒看過足球的人說：「我擅長帶球」，對方應該也無法理解

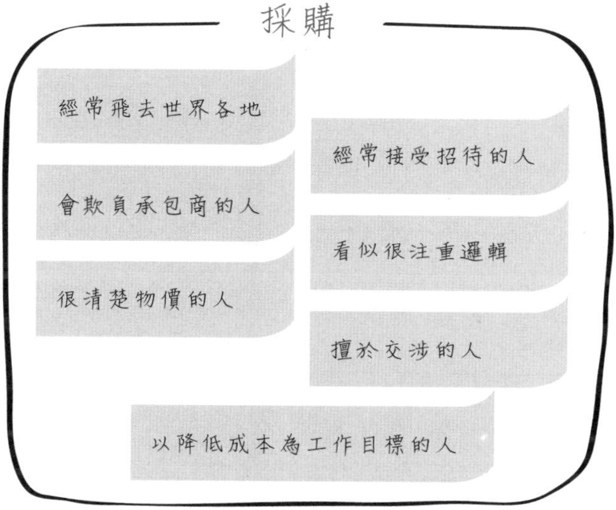
採購
經常飛去世界各地
經常接受招待的人
會欺負承包商的人
看似很注重邏輯
很清楚物價的人
擅於交涉的人
以降低成本為工作目標的人

• 不同的人對於「採購」工作，有不同的想像。

吧。然而，如果能為對方仔細說明足球是一種什麼樣的運動，其中的「帶球」具有什麼功能，想必就能讓對方明白自己的特長了。

具體說明強項，提升競爭力

我在大約六年前就注意到，對社會人士來說，能夠具體說明自己擔任的職務內容以及自己的強項，是非常重要的。當時，我任職於另一間公司，擔任「生產管理」的職務。然而，因為一個小小的契機，人力公司找上了我，於是我便去接受了現任公司的面試。

我記得很清楚，在面試的兩週前，當我和人力公司的人進行面試演練時，對方說了這樣的話：「不管多部田先生你解釋幾次『生

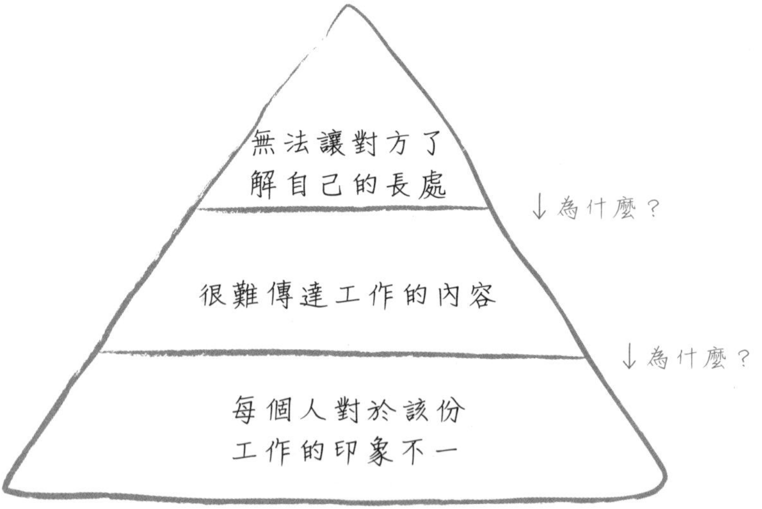
無法讓對方了
解自己的長處
↓為什麼？
很難傳達工作的內容
↓為什麼？
每個人對於該份
工作的印象不一

• 用△圖解為什麼無法表現「自己的優點」。

產管理』，還是沒辦法傳達你工作的特色和強項。」

沒錯，因為我完全沒有說明，「生產管理」究竟是一種什麼樣的工作。此外，也沒有詳述在這個工作中，我付出了什麼樣的心力、試圖獲得什麼樣的成果。因此，我沒辦法與其他求職者做出區隔、無法表現出自己與眾不同的地方。

「面試」，是一個將自己的特長展現給企業看的機會。人力公司嚴正地叮囑我，我這樣是不會被錄取的。有一個關於找工作的笑話是這樣的——當面試官問：「你會做什麼？」時，求職者竟然回答：「我會當部長」。當時的我，犯了一模一樣的錯誤。

製作專屬推薦表，對方會記得你

在考慮轉換跑道時，跳脫原本的工作內容，找出一直以來工作的軸心與自己的價值，對於找新工作是非常重要的。

而除了面試之外，生活中還有許多機會必須介紹自己的工作內容和長處。例如業務員在拜訪新客戶的時候，也必須推薦自己，表示「我比其他公司的業務員值得信賴」。在異業交流或聯誼的時候，也會遇到必須自我介紹的場景。記得隨身攜帶紙筆，製作專屬於自己的自我推薦表。

步驟 2

不斷做工作紀錄，找出自己的強項

在做自我介紹、自我推薦的時候，重點就是要「掌握自己的特長」。首先，**想想自己擔任職務的特徵，以及至今所做的工作內容，想到什麼，就先「全部寫下來」**。

各位應該常在犯罪推理劇中，看到警察「盤問嫌犯」的場景吧？警察辦案的第一步，就是在案發現場的四周，收集與案件相關的證詞與線索。同樣的，將有關於工作的事項完整的寫下來，就是掌握我們「工作特徵」的第一步。

列舉相關資訊，掌握「工作特徵」

目標是寫出二十～三十個，只要能寫下這麼多的資訊，就能輕鬆地說明工作內容了。在這個階段，就算寫下事項相似度高，也不用在意，重要的是盡量多舉出各種訊息，避免遺漏。

盡可能將自己的工作具體化，便能有效防止遺漏。例如可以看著行事曆，試著回想一整個星期的工作。

「星期一早上，一定會收電子郵件。這時會用什麼方式，來處理什麼樣的工作呢？接下來，就得去參加部門會議了，這時又會做些什麼工作呢……」像這樣，一邊回想著在公司的自己，一邊找出工作的特徵。

除了依照時間順序來回顧自己的工作內容外，當然也可以著眼於「工作的地點」或「工作時遇到的對象」等不同方向。透過變換不同的觀點，反覆地問自己：「我所負責的工作，究竟有什麼特徵？」

下頁是當時我所製作的一部分清單：

「用英文撰寫電子郵件」——這一項點重複了，另外，「每天都要穿著制服上班」，或許並不算是關於工作的特徵。不過，在這個階段，不必太過介意細節，總之先將想到的事項全都寫下來。記筆記的工作，不能只做一天就結束，第二天也務必繼續。

隔了一天再開始思考，常常會有意想不到的好處。首先，睡了一天之後，通常會出

使用圖解來改善工作

和泰國人一起工作

會用泰文溝通

用英文撰寫電子郵件

公司有工廠在泰國

製造光纖通信器材

懂得交涉空運的費用

負責數百種零件

輸入庫存管理系統時
比約聘人員更快

每天都要穿著制
服上班

二級理財規劃師
（Financial Planner）

曾從早上八點工作
到凌晨四點

擔任工會的代議員

知道通關所需的時間

熟悉泰國—日本
之間的航班時間

用英文撰寫電
子郵件

運用簿記二級的知識
計算產品的成本

管理部門的收益

每天開車上下班

用 Excel 函數製作
生產計畫表

用 Excel 進行庫
存管理

• 將所有想得到的工作特徵都逐一列出。

現不同的想法。這麼一來，有時會想出前一天沒想到的點子。另一個好處，就是能用冷靜的態度看前一天所寫的筆記。

遇到瓶頸，先請教朋友意見

不過，如果從頭到尾都是一個人獨自思考，總有一天會遇到瓶頸。因此我建議各位可以問問朋友，你在朋友眼中的工作態度是如何？這樣一來，就能獲得來自不同角度的意見。

我則是向大學時代的學長請教「我工作時」的樣子。學長是這麼說的：

「工作時，你總是面帶笑容。」

「你從不忘記和人打招呼。」

「你寄出的電子郵件，有時措辭不夠禮貌。」

「你電子郵件使用得太頻繁了。」

「你很擅長Excel。」

使用圖解來改善業務

和泰國人一起工作

會用泰文溝通

用英文撰寫電子郵件

公司有工廠在泰國

製造光纖通信器材

懂得交涉空運的費用

負責數百種零件

輸入庫存管理系統時
比約聘人員更快

每天都要穿著制服
上班

二級理財規劃師
（Financial Planner）

曾從早上八點工作
到凌晨四點

擔任工會的代議員

知道通關所需的時間

熟悉泰國—日本
之間的航班時間

用英文撰寫電子郵件

運用簿記二級的知識
計算產品的成本

管理部門的收益

每天開車上下班

用 Excel 函數製作
生產計畫表

用 Excel 進行庫存管理

「你思考的點和別人不同。」

「你充滿行動力。」

「你很樂觀，是團體裡的開心果。」

像「你寄出的電子郵件，有時措辭不夠禮貌」等意見，是未受旁人提醒，就絕對無法察覺的地方。請別人給自己意見最大的好處，就是能發現這種無法查覺的小細節。此外，雖然學長給我的意見，與其說是「工作的特徵」，倒不如說是「我對工作的態度」，但是在這個階段，仍加入筆記裡無妨。

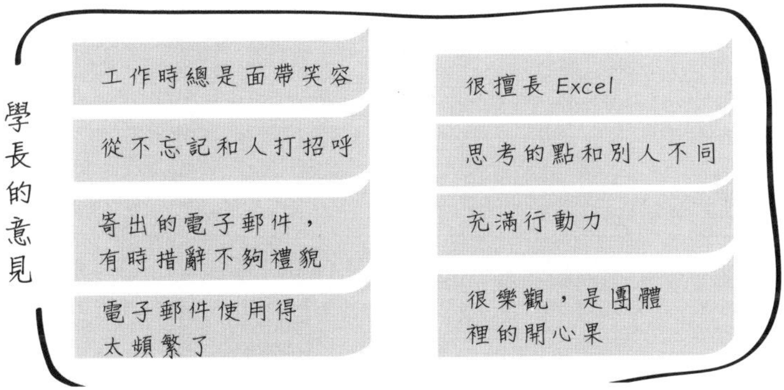
學長的意見
工作時總是面帶笑容
從不忘記和人打招呼
寄出的電子郵件，有時措辭不夠禮貌
電子郵件使用得太頻繁了
很擅長 Excel
思考的點和別人不同
充滿行動力
很樂觀，是團體裡的開心果

• 將他人給的意見也納入資訊中，做分類參考。

步驟 3

以工作目的分類，加註「關鍵字」

當筆記整理好後，透過不斷反問自己「為什麼？」，**將剛才〈步驟二〉當中寫出的項目，依類別加以分類統整**。

接著，再用具有代表性的關鍵字（目的），替每個分類命名。當時，我將手上工作的特徵分為五個類別，並替每個類別加上關鍵字。

另外，無法分類的事項，就先放在一邊。如果之後想到了適切的分類，或是覺得可以整理成另一個類別，屆時再分類即可。

精簡關鍵字，找出核心目的

將筆記分門別類，想出關鍵字後，腦中的想法就會漸漸被釐清。這麼一來，我們應

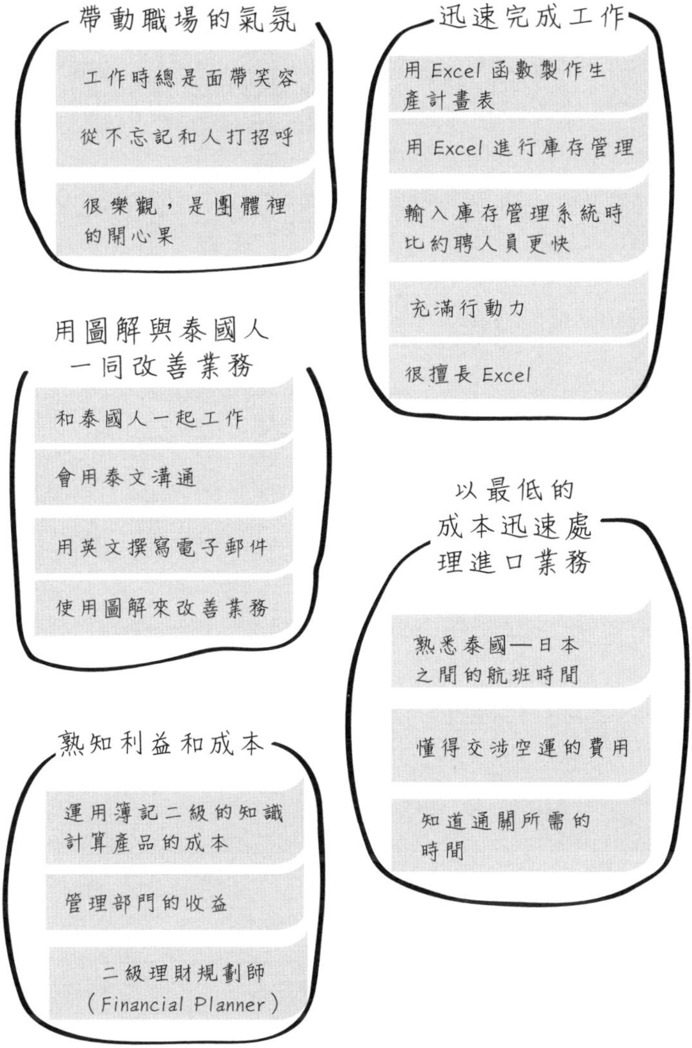
帶動職場的氣氛
工作時總是面帶笑容
從不忘記和人打招呼
很樂觀，是團體裡的開心果
用圖解與泰國人一同改善業務
和泰國人一起工作
會用泰文溝通
用英文撰寫電子郵件
使用圖解來改善業務
熟知利益和成本
運用簿記二級的知識計算產品的成本
管理部門的收益
二級理財規劃師（Financial Planner）
迅速完成工作
用 Excel 函數製作生產計畫表
用 Excel 進行庫存管理
輸入庫存管理系統時比約聘人員更快
充滿行動力
很擅長 Excel
以最低的成本迅速處理進口業務
熟悉泰國—日本之間的航班時間
懂得交涉空運的費用
知道通關所需的時間

• 列出全部項目後，統整並分成幾大類。

該就能想出更多符合該關鍵字的「工作特徵」，之後若有想到再陸續補充。而最後浮現在我腦海的，是以下這些關鍵字：「**帶動職場的氣氛**」、「**用圖解與泰國人一同改善業務**」、「**迅速完成工作**」、「**以最低的成本迅速處理進口業務**」、「**熟知利益和成本**」。

在這些關鍵字當中，「用圖解與泰國人一同改善業務」可以用「工作內容＝付出」這個關鍵字來替換。

「迅速完成工作」、「以最低的成本迅速處理進口業務」、「熟知利益和成本」等三項，則可用「自己能做的事＝技術」這樣的關鍵字來統整。

而「帶動職場的氣氛」，則可代換成「想

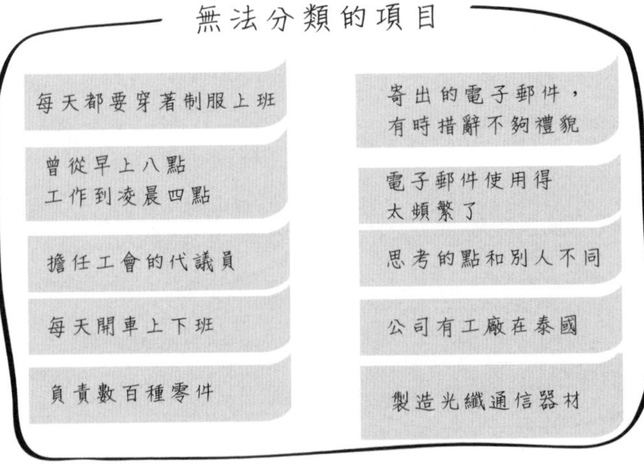

無法分類的項目
每天都要穿著制服上班
曾從早上八點工作到凌晨四點
擔任工會的代議員
每天開車上下班
負責數百種零件
寄出的電子郵件，有時措辭不夠禮貌
電子郵件使用得太頻繁了
思考的點和別人不同
公司有工廠在泰國
製造光纖通信器材

• 「無法分類」的項目，可以先放在一邊。

在工作中達到的目標＝志向」。

確立目標後，能飛得更遠

這個△圖，是進行自我分析時基礎中的基礎。在圖的最下面，填入的是「目標」，也就是自己為什麼而工作、想透過工作達到什麼目標。而為了實現這個志向所需的技術，則填入中層；最上層填入的是工作內容。

我在〈專欄❸〉介紹過的高倉小姐的名片，也是利用這個△圖，來進行自我介紹的。

把「目標」放在最下層，是有原因

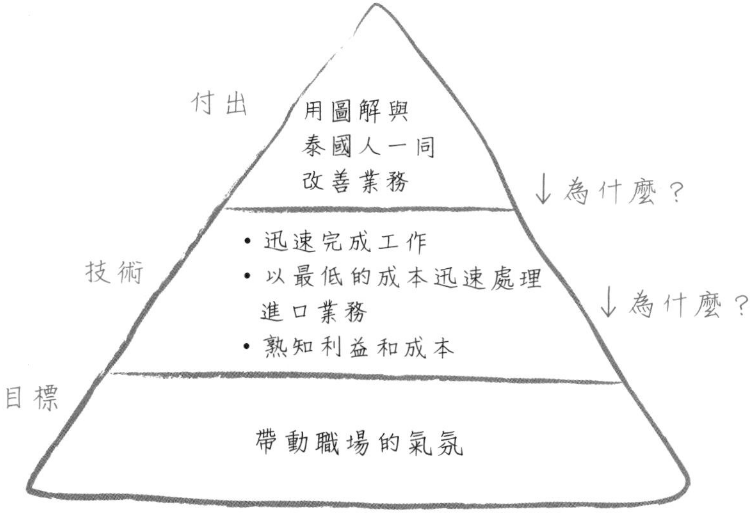

• 將原先的關鍵字統整、濃縮，分成更精簡的關鍵字。

的。有許多商務人士，總是只專注在自己的工作內容或技術上。但是，如果不弄清楚自己想透過工作達成的目標是什麼，就會喪失工作熱忱，並且不知道該往什麼方向前進。

「目標」是自我介紹的根本，各位要切記這一點。

步驟 4

發現只有自己能做到的事

各位聽過「三人砌磚」的故事嗎？這是我學生時期在倍樂生（Benesse Corporation）實習時，主管村山昇老師（現為Career Portrait Consulting代表）告訴我的故事。

這個很棒的故事，能讓人明白，你對自己「工作」的想法，對自我介紹的說服力有多麼大的影響。

中世紀歐洲的某個城市，有三名男子在建築工地工作。

「你們在做些什麼？」有人這麼問道，而他們的答案分別是這樣的。

「我在砌磚。」第一位男子說道。

第二位男子的回答是：「我在賺錢。」

而第三位男子則抬起頭，帶著耀眼的表情說：

「我在建造城裡的大教堂呢！」

「三人砌磚」的啟示

第一位男子只是從表面上敘述他所負責的工作。聽見這樣的自我介紹，相信一定不會有人感興趣。我以前介紹自己工作的說法：「我的工作是生產管理」，其實就屬於這種平鋪直述的無聊類型。

第二位男子所說的話，比第一位男子更能表現出工作的目的——也就是「賺錢」，但這樣仍然不夠。「賺錢」這個目的太平常，既無法看出此人的特殊性，也不夠具體。「我透過生產管理的工作，降低成本」，這種自我介紹，就屬於這一類型——平凡、不夠具體。

與前面二人相比，第三位男子的回應，便相當亮眼。理由有兩個。第一，他用了「大教堂」這個專有名詞，讓他的說明聽起來更具體、更容易想像。第二，他將「參與建造大教堂這棟偉大建築物」的欣喜之情，透過言語清楚地傳達出來。

表現自我特色，打造專屬介紹

所謂的自我介紹，就是將自己的特徵，也就是與別人不同的地方表現出來。因此，比起「別人也能做到的事」，**強調「只有自己能做到的事」，一定更具效果**。

所以，你必須要更深入地思考，從「付出」、「技術」、「志向」之中，找出專屬於自己的特色。而六年前我的工作特色，以剛才的三個關鍵字，應該可以整理成這如下所述：

得出結論後，要記得反覆驗證

導出結論後，驗證「是否正確」也相當重要的。例如反問自己：寫進圖解裡的志向，真的是自己可以接受的嗎？現在所具備的技術，足以達成這個志向嗎？有沒有該學會的技術？這個技術與未來想轉職的工作或現在的工作，是否有關連？

• 區分只有自己能做到，但別人做不到的事。

像這樣思考下去，就能確認各個項目之間是否存在著矛盾。只要這樣反覆進行，確認最後導出的「工作軸心」是正確的，就可以進入最後階段了。

「工作特徵」的重點整理：從關鍵字找出專屬於自己的特色

付出：用圖解與泰國人一同改善業務。

技術：工作效率高。能夠處理進出口手續，熟知利益與成本。

目標：想帶動職場的氣氛，快樂地工作。

步驟 5

加入大量屬於你自己的想法

各位一定聽過許多人的自我介紹，其中有些人的自我介紹很有趣，有些則是很無聊。難以讓人留下印象的自我介紹，大致可分為兩種類型：

第一種是如前項所說的，看不見個人特質的自我介紹。而第二種，則是太過於抽象的自我介紹——模糊不清，沒有重點的內容，無法吸引聽眾（面試官）注意。

有個性的自我介紹才能吸引人

例如你要介紹自己的興趣是「閱讀」，那麼將原本平凡的「我喜歡閱讀」，加上「司馬遼太郎的作品，我全都看過了」、「我前些日子看完了村上春樹的新書」等等，讓「閱讀」更具體的詞彙，相信會為你的自我介紹增色。

什麼樣的自我介紹，才能讓對方留下深刻的印象呢？利用兩個軸進行圖解，結果就如下頁的圖。

想做到「**只有自己能做到、具體的自我介紹**」，有沒有什麼捷徑呢？答案就是捨棄制式的介紹，**加入大量屬於自己的「想法」**。

接下來，我就試著將「為什麼會對工作抱有熱忱」這一項，加入自我介紹中。加入這些想法後，自我介紹頓時就活潑了起來，當然也就能吸引更多人了。

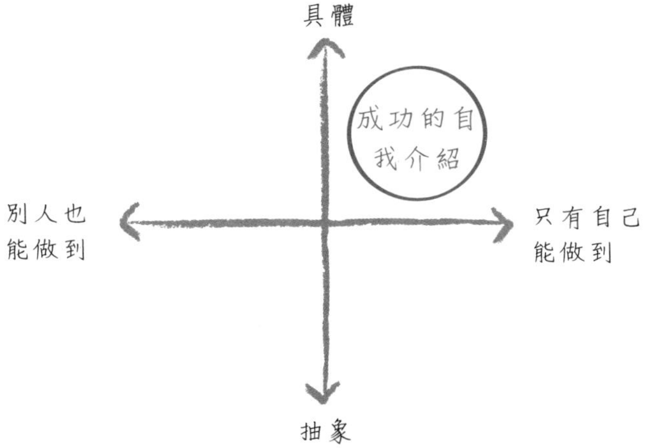
具體
成功的自我介紹
別人也能做到
只有自己能做到
抽象

• 「具體」且「只有自己能做到」的自我介紹，才是最成功的。

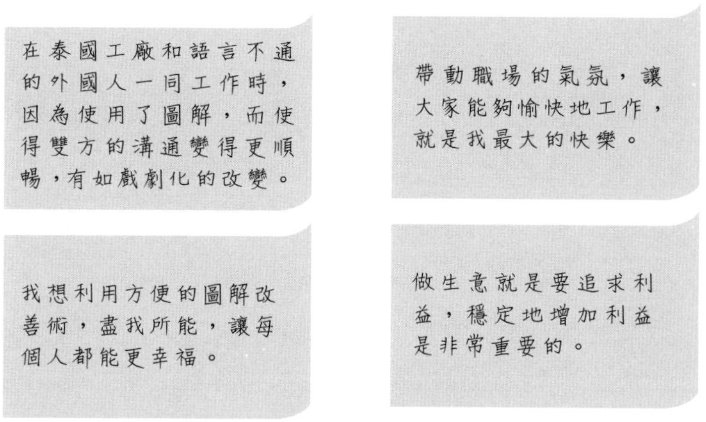
在泰國工廠和語言不通的外國人一同工作時，因為使用了圖解，而使得雙方的溝通變得更順暢，有如戲劇化的改變。
帶動職場的氣氛，讓大家能夠愉快地工作，就是我最大的快樂。
我想利用方便的圖解改善術，盡我所能，讓每個人都能更幸福。
做生意就是要追求利益，穩定地增加利益是非常重要的。

• 試著放入自己的想法，能讓自我介紹更有生命力。

步驟6 配合對方，調整介紹的順序

透過以上步驟，我將我的工作歸納出三個要點。

❶目標：想帶動職場的氣氛，快樂地工作。

❷技術：工作效率高、能夠處理進出口手續、熟知利益與成本。

❸付出：用圖解與泰國人一同改善業務。

那麼，我應該用什麼樣的順序，將這些訊息傳達給對方呢？

首先應該傳達的，是第❸點，也就是【付出】。自我介紹時，對方（面試官）幾乎都是第一次見面的人。因此，必須先將自己的職稱、工作內容告訴對方，讓對方理解自己的立場。

傳達內容的順序，視對象調整

自我介紹開頭的第一段決定好了，那麼接下來要表達的內容順序，到底要先說明「目標」，還是先說自己的「技術（能力）」呢？著實令人傷透腦筋。

一般來說，如果自我介紹的對象是「感性派」的，那麼從「目標」開始說起的效果較佳。因為訴說夢想和目標，比較容易得到對方的認同。另一方面，如果對方是冷靜的「理性派」，那麼從自己的「技術」開始說則比較適當。

另外，假如自己和對方擁有類似的技術（能力），那麼優先將自己的工作「技術」說出來，或許也是不錯的順序。

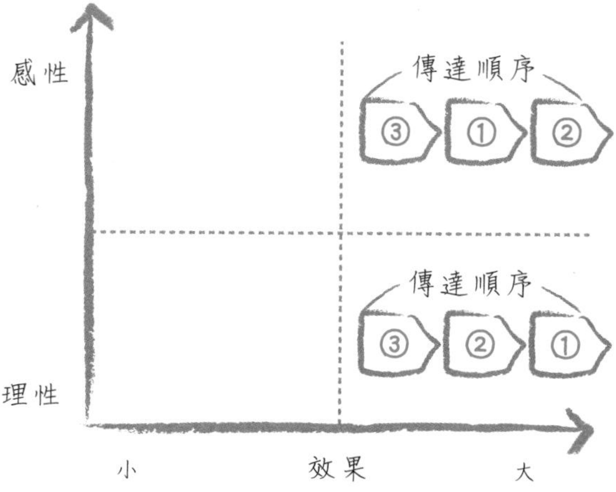

• 說話順序，要依據對方「想聽的重點」做調整。

步驟 7

模擬面試，不能自己滿足就好

決定自我介紹的內容以及表達的順序之後，剩下就是實際「說出口」了。這時最重要的就是**多累積一些經驗**。尤其是在接受換工作或升遷的面試時，我建議各位更應該先與前輩或主管等人進行模擬面試，聽取他們的意見。

自己覺得完美還不夠，旁人意見更重要

很多時候縱使自認說得很完美，但從別人眼中看來，還是有不足之處。因此我們必須尋求客觀的意見，根據這些意見來修正自我介紹的內容，才能帶給人更好的印象。

此外，在接受面試時，有時會被問到意想不到的問題。透過不斷的練習，想必也能培養遇到這種狀況時的應變能力。

我曾有因為練習不足而失敗的經驗。第一次找工作時，我根本沒有練習，就直接去

接受面試了。就在我語無倫次地回答面試官的問題時，忍不住心想：「啊，要是有先請學長幫我練習過就好了！」覺得非常後悔。當然，我並沒有通過那次的面試。

不只是說出來，寫成文章也很有用。例如，將自己的自我介紹整理成簡短的文章，貼在Facebook上，請朋友給予意見，若是得到「很難懂」、「太不具體了」等回應，就再進行修改。「自我介紹」不能只讓自己滿意就好，盡量尋求多人的意見，並永遠抱著願意改進的態度。不過，在**還沒進行到「步驟六」之前，先盡量不要聽取他人的意見**。

很多時候，我們身邊的每個人都會提出不同的意見。但這時如果沒有利用圖解明確地掌握自己的主軸或志向，想法就容易受他人影響。愈聽別人的意見，想法就愈模糊，最後甚至喪失自信。

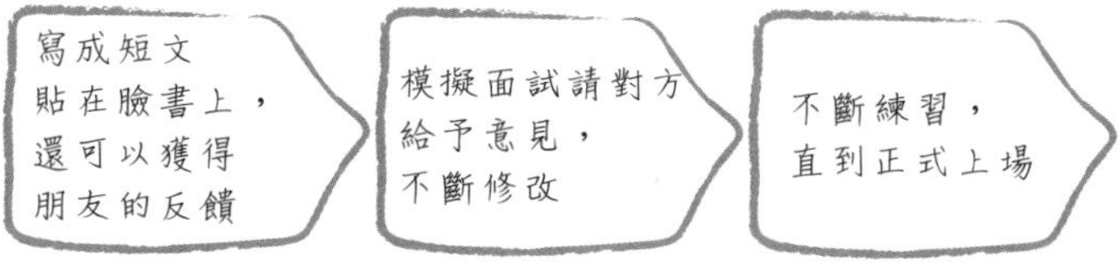
寫成短文
貼在臉書上，
還可以獲得
朋友的反饋
模擬面試請對方
給予意見，
不斷修改
不斷練習，
直到正式上場

• 自認一百分的「自我介紹」，還需要其他人給意見，變成超優質的兩百分。

專欄 5 用大事記，確立自己的「價值觀」

製作自我介紹時，最能幫上忙的參考資料，就是「自我年表」。正如字面上所述，這是將我們人生至今所發生令人印象深刻的大事或是轉捩點，所記錄下來的年表。

製作方法很簡單，從小時候開始逐年回想，每一年當中讓自己印象深刻的事，一年舉出一個。

「我根本不記得小時候的事了！」如果你有這樣的煩惱，可以利用維基百科等線上工具，查詢「〇〇年的主要事件」，或許能幫助回憶。

將「人生的轉捩點」做成年表後，截至目前為止的人生經歷，便會大致浮現出來。而我們也能藉此明白自己的「個人特質」，是在什麼時候、因什麼事件而以

西元	年齡	主要大事	轉捩點
一九七九	○		出生為家中長男
一九八八	九	東京巨蛋完工	發現自己口吃的毛病
一九九八	十九	長野冬季奧運	考上早稻田大學 加入中文學習會
二○○○	二十一	二千日圓紙幣發行	獨自前往中國旅行時，邂逅了「改善」這個單字
二○○三	二十四	六本木HILLS	在泰國發現「圖解溝通術」的優點

• 將自己的「人生的轉捩點」做成年表，更能了解自己。

什麼形式形成。「年表」能讓自己的「想法」變得更有條理更清晰，很值得試試看！

第6章

最強圖解溝通術，輕鬆說服所有人

用「圖解溝通」，輕易分析、掌握對方的心理狀態，
更進一步找出對方「沒說出口」的內心話，
提供雙贏解決方案，輕鬆說服所有人。

步驟 1

用圖解看穿對方的心理狀態

透過圖解，也可以讓溝通變得更順利。在這一章中，我將以自己實際的商談經驗為例，介紹利用圖解進行的商場交涉溝通技巧。

我的工作是向世界各國的企業購買原料的「採購」，過去曾有一間國外企業，表示他們想將某種原料的價格提高七％。但是以目前全球的時局來看，光是想要降低一％的成本都很困難，要一口氣上漲七％，對本公司來說可說是非常大的危機。

我質問對方的負責窗口：「一開始決定的價格，難道不算數了嗎？」

然而對方卻冷淡地回應：「由於製造成本遠比我們預計的高，因此我們無法以之前的價格販賣。」雙方的議論就像兩條平行線，我們陷入了完全找不到解決對策的窘境。

該企業所販售的原料，品質相當高。另外，該企業的財務狀況很健全，是本公司想要繼續合作，並擴大合作範圍的對象。

但是，如果就這樣接受對方的要求，本公司就會超出預算，這也是事實，我被迫必須想辦法創造一個雙贏的局面。

客觀分析，找出真正問題

我第一步做的，就是**客觀地掌握現在的狀況**。因為要是問題不明確，解決方案也不可能會浮現，於是我畫了以下這張圖：

我思忖著，為什麼對方會突然提出大幅漲價的要求呢？

當然，背後的主因一定是製造成本

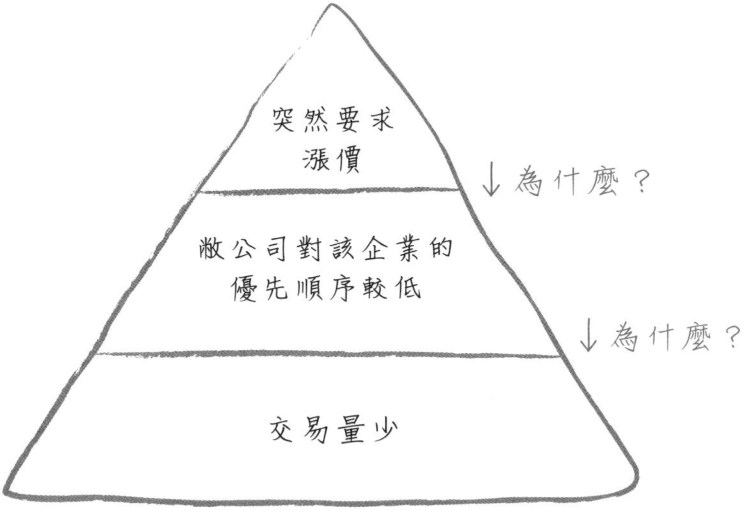

• 分析為何對方會「突然要求漲價」。

提高沒錯。但如果只是這樣的話，對方應該不會展現出這麼強硬的態度才對。或許還要加上其他原因：對該企業來說，本公司的優先順序的排序很後面。

對方可能已經有所準備，就算終止與本公司的合約也無所謂，所以才始終採取強硬的態度。那麼，為什麼本公司在該企業的心目中優先順序這麼低呢？我想，那應該是**因為我們與對方的交易量太少**的緣故！看來，這就是問題的癥結所在了。

步驟2 完整分析利弊和衝突

為什麼我們和對方的交易量這麼少？促使我們不願提高交易量的原因有好幾個。於是我決定，先不管有沒有重複，把想到的原因全部都寫下來。

善用便利貼，隨時補充遺漏的要點

我一如往常地將筆記寫在便利貼，並貼在一個大板子上。接著，我將筆記分類，並陸續補上自己漏寫的原因。

- 有六成的原料還沒有完成品管確認，因此無法購買
- 能購買的品項有限
- 本公司多與日本製造商進行買賣，不習慣與對方公司溝通
- 無法信賴對方
- 每個月都有一～二次延遲交貨
- 交貨所需時間過長
- 對方所設定的最低交易量太高，無法減少
- 能製造的原料種類過少
- 商流複雜，資訊停滯
- 曾有交錯貨的記錄
- 對方業務部門內部的意見不一
- 有時無法聯絡上對方的業務負責人
- 不準時交貨

- 該國的人員不願來日本與我們見面
- 使用該原料生產的車體，目前產量很少
- 不提供樣品
- 沒有提出增加數量的業務方案
- 面談時會遲到
- 以其他公司優先，拒絕與本公司進行討論
- 兩公司的高階主管之間沒有往來
- 與採購部長的面談被臨時取消
- 沒有駐日的技術窗口
- 無法以英文溝通
- 如果不透過駐日人員，便無法與當地的技術人員對話
- 駐日人員人數不足
- 優先處理公司內部的工作

• 進行到「舉出全部原因、事項」時，可活用便利貼的特性不怕有遺漏。

此外，我也**透過圖解，試著分析對方的心理**。

其實對方應該也希望能增加銷售量才是。因為受到經濟不景氣的影響，對方提供給造船業界的原料出口量大幅下滑。為此，該企業兩年前投資了新設備。

所以我提出了這樣的假設：「投資了設備，但是對造船業界的銷售量仍然一蹶不振。因此他們應該會想要在包含本公司的汽車業界賺回來才對」。

由於這樣的背景，我確信只要找到切入點，就有可能進行交涉。

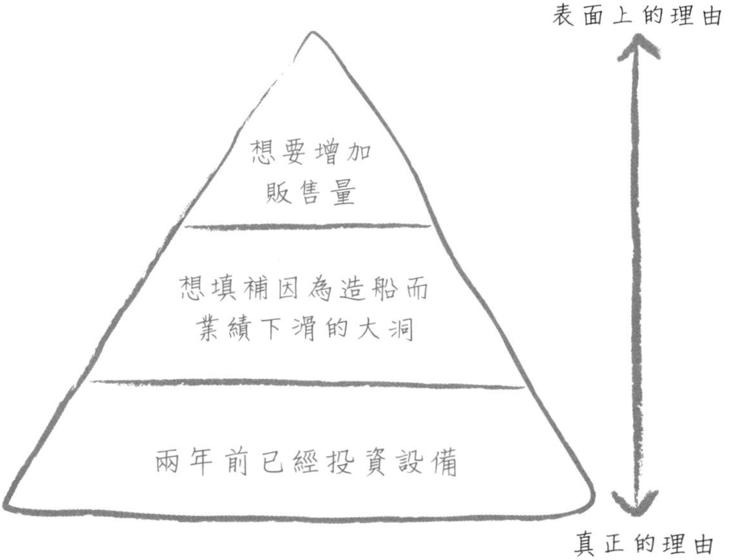

• 試著分析對方想法，從「表面上的理由」進一步推論「真正的理由」。

步驟 3

找出「不願意合作」的關鍵字

接著，我透過反覆詢問「為何？」、「為什麼？」，將〈步驟二〉列出的「交易量無法增加的因素」分組整理，並找出關鍵字。

整理「原因」，找出不願合作的兩大主因

於是我畫出了左頁的圖，這時我導出的是**「兩公司之間缺乏互信」**以及**「對方不看重與我們的溝通」**這兩組關鍵字。

我再針對這兩點問自己「為什麼？」，並試著用△圖深入剖析原因。對方會在面談時遲到、或是臨時取消面談，很明顯並沒有誠意溝通。其理由不只是企業習慣，雙方缺乏互信也是原因之一。

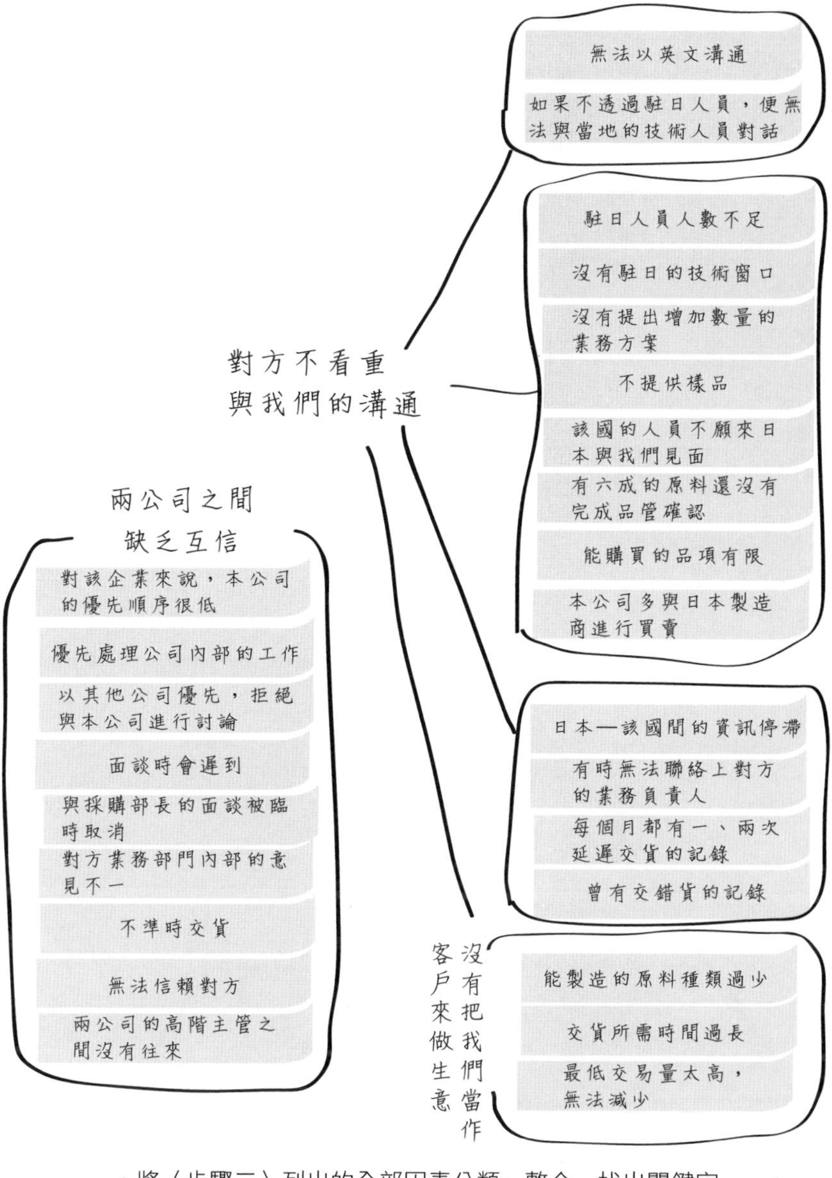
無法以英文溝通
如果不透過駐日人員，便無法與當地的技術人員對話
駐日人員人數不足
沒有駐日的技術窗口
沒有提出增加數量的業務方案
對方不看重與我們的溝通
不提供樣品
該國的人員不願來日本與我們見面
有六成的原料還沒有完成品管確認
能購買的品項有限
本公司多與日本製造商進行買賣
兩公司之間缺乏互信
對該企業來說，本公司的優先順序很低
優先處理公司內部的工作
以其他公司優先，拒絕與本公司進行討論
面談時會遲到
與採購部長的面談被臨時取消
對方業務部門內部的意見不一
不準時交貨
無法信賴對方
兩公司的高階主管之間沒有往來
日本—該國間的資訊停滯
有時無法聯絡上對方的業務負責人
每個月都有一、兩次延遲交貨的記錄
曾有交錯貨的記錄
沒有把我們當作客戶來做生意
能製造的原料種類過少
交貨所需時間過長
最低交易量太高，無法減少

• 將〈步驟二〉列出的全部因素分類、整合，找出關鍵字。

那麼，為什麼雙方沒有建立信賴關係呢？我認為關鍵在於「缺乏對中長期合作關係的期待」。對方始終認為我們只是暫時性，又是小額的交易，所以才不重視本公司。

但是，只要對方明白我們未來仍會繼續交易，最終可能成長為大額訂單，他們對本公司的態度一定會改變。

換言之，只要能將「和本公司繼續交易，前景可期！」傳達給對方，我相信交涉一定會有所進展。

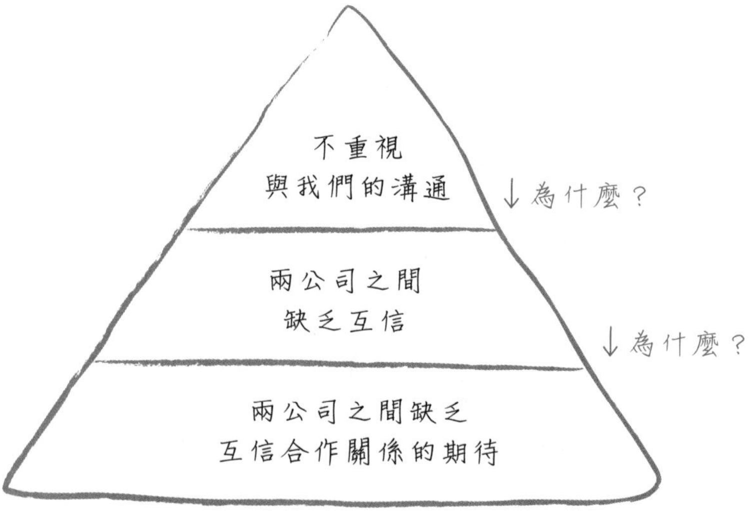

• 將兩組關鍵字深入剖析，導出真正的原因。

步驟4

傳達長期合作的意願

只要能與對方針對中長期的願景達成共識，目前的關係就有可能獲得大幅改善。但是想要達到這個目標，還需要花點工夫。

對方企業的交涉窗口，是一位駐日人員。由於這個人沒有太大的決定權，因此就算和他討論中長期性的話題，似乎也解決不了問題。

改變溝通層級，找出解決的契機

事實上，我以前也曾提出請求，「希望能與該公司的決策圈，如董事或部長級進行交涉」，但是對方卻以「我們的高階主管不會英文也不會日文，因此希望透過駐日窗口進行對話」為由拒絕了。

然而，這次的金額很龐大。再這樣下去，就會陷入未達預算的窘境，因此我認為**勢必得改變溝通的層級**。

與駐日窗口對話很簡單，但是只靠這樣，解決問題的機率可說是微乎其微。另一方面，與該國的高階主管對話，門檻雖然非常高，困難度也很高，但如果想要徹底解決問題，也只能從這個方向努力了。

因此我將本公司的董事、部長拉進來，要求與對方企業的董事、部長進行面談。另外，我們也會準備口譯人員，備妥能與對方順利溝通的環境。

• 想解決問題，就必須和不同的窗口對話。

步驟5　從兩間公司的共通點著手

交涉的基本方針，是「與該國董事、部長級的人物，針對中長期願景達成共識，藉此提高本公司的優先順序，壓縮漲價的幅度」。

不過，交涉不太可能第一次就成功，因為雙方還沒有建立起信賴關係。為了加強信賴關係，必須與對方拉近距離，整理問題關鍵和做法後，我畫出了以下這張圖：

切入雙方共同點，增進信賴度

這時最好的辦法，就是**找出雙方的共通點**。公司對供應商的要求有四個，首先是品質，不管價格多麼便宜，若商品沒有達到我們所要求的標準，就沒有購買的價值；其次是供應能力，供應商若無法穩定地提供原料，將會影響本公司的生產計畫；接著是財務狀況。萬一某天供應商突然倒閉，將會對我們的採購計畫造成嚴重的影響；最後是信賴

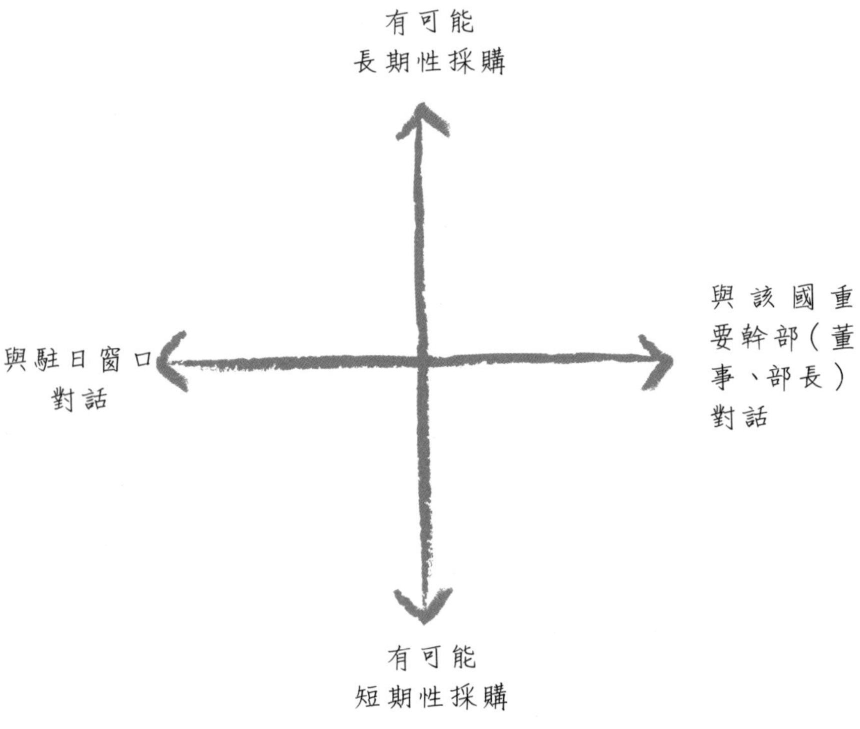

• 從「溝通窗口」和「未來發展」評估最好做法。

度，我們無法和會違約的企業做生意。

其中，**品質、供給能力及財務狀況**，是對方最重視且最有自信的部份。由於雙方所重視的項目具有共通點，因此我認為從這個地方切入，應該就是增進彼此關係的最佳方法。

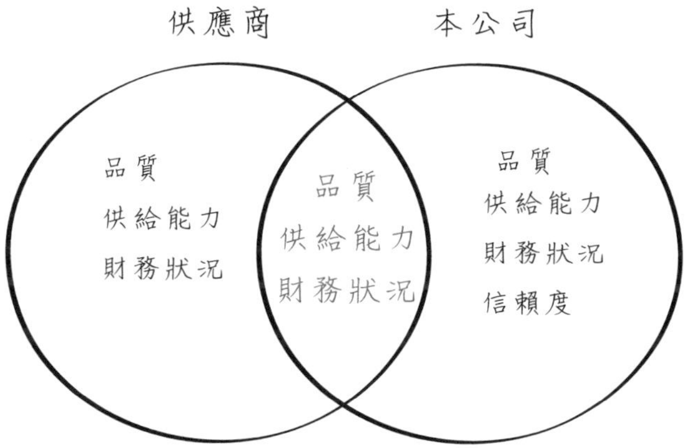

• 將雙方都重視的項目列出，從中提出最佳解決方案。

步驟

6

考量「時間」和「效益」

我再次整理目前可行的方案。第一個方案，是以「未來會長期採購」的基礎，與駐日窗口進行交涉，第二個方案，是以「未來只會短期採購」的基礎，與駐日窗口進行交涉；第三個方案，是以「未來會長期採購」的基礎，與該公司的重要幹部進行交涉；而第四個方案，是以「未來只會短期期採購」的基礎，與該國的重要幹部進行交涉。

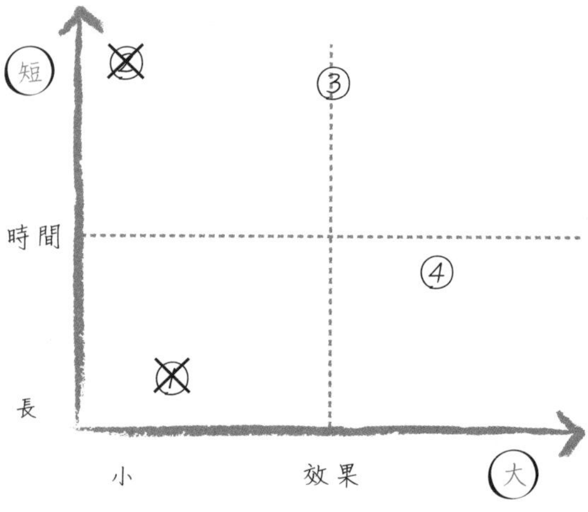

- 將四個方案，用「時間」和「成效」進行評估，決定該採用哪個方案。

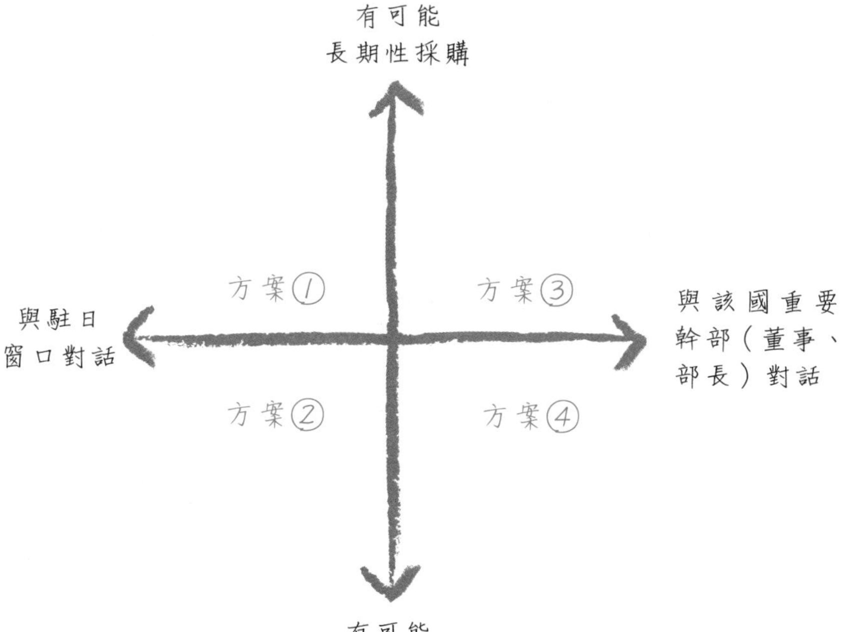

• 依據交涉對象和未來發展，整理出四個解決方案。

整理可行方案，挑效益大的出手

上圖是將四個方案，**用「時間」和「效果」為軸所進行的評估**。與駐日窗口進行交涉的第一、二個方案，由於無法得到結果，因此兩者都刪除。

第三個方案，因為必須針對中長期的願景達成共識，同時進行交涉，因此有極高的可能使對方做出讓步。只是，我必須先研判未來可達到的交易規模，取得公司內部的同意後，才能進行，因此勢必得花上一段時間；而第四個方案，雖然效果不如第三個方案顯著，但優點是能夠立刻著手進行。

我最後導出的結論，是「先用第四個方案開始進行交涉，待公司內部同意進行長期採購後，再切換為第三個方案」。就這樣，我成功地和對方重啟了對談。

步驟7 雙方都清楚做法，避免任何誤解

最後，為了實行前項所決定的解決方案，我擬定了流程。

首先，我策劃讓雙方公司握有決定權的成員見面，互相理解對方真正的想法，之後再正式進行交涉。

保持資訊對等，建立信任感

這個步驟中最重要的，就是**讓對方也看過這個流程圖，並徵求對方的同意**。倘若輕忽了這個步驟，雙方所掌握的資訊量就會有所差異，對話時也容易產生誤解。這麼一來，不必要的工作或議論就會增加，甚至可能提高交涉中止的機率。

各位所想像的採購，或許是個從頭到尾都堅持要求對方降價，只單方面提出要求的人。然而我們都是在了解彼此真正的想法，並建立互信關係之後，才開始交涉的。

我所負責採購的原料，並不是能任意更換供應商的日用品。如果沒有建立好中長期

性的信賴關係，就無法進行交易。

「搏」感情，讓合作變得更緊密

兩公司的部長互相拜訪對方的國家，進行交流之後得到的答案是「文化差異」，或許用「文化衝擊」這個詞更為貼切。

供應商所在的國家，是一個正在大幅成長的新興國家，因此多年來始終處於「就算完全不推銷，商品也賣得出去」的情況，就是俗話說的「躺著賺」。然而日本卻已經是個成熟的市場。為了在有限的市場中爭奪市占率，每間公司都很重視推銷。

站在我所屬公司的立場，看來是對方不重視與客戶間的溝通，但習慣了「躺著賺」的對方公司，在他們的

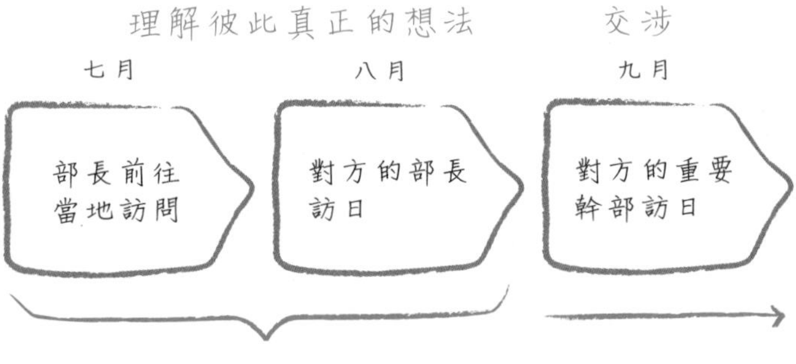

• 將〈步驟六〉決定的解決方案擬定流程圖。

文化中，當下與他們進行大筆交易的客戶，才是比較重要的；而把交易量較小的本公司排在後面，也是理所當然。

我們在理解了對方的立場之後，決定提出未來三至五年的預定採購量，慢慢建立信賴關係。在重要幹部們面對面懇談一番後，雙方的連結頓時變得緊密。原先提出的漲價七%的要求也被撤銷，雙方決定繼續交易。

「❶找出問題」、「❷整理問題」、「❸統整問題，找出關鍵字」、「❹利用圖解，深入挖掘關鍵字」、「❺掌握概況，找出解決問題的關鍵」、「❻思考解決的順序」、「❼請教／傳達相關人員」這七個步驟，無論在什麼狀況下，都是很有效的。可以在商務場合或日常生活中，反覆使用，將這種想法內化成自己的東西。

專欄⑥ 圖解溝通不限地點，效益驚人

我每天都會隨身攜帶A4大小的白板。當我想要整理、解決問題時，就會立刻拿出白板，開始進行圖解。

這是我在某飯店的大廳，與某位經營顧問老師面談時所畫的圖解。老師表示，顧問的工作，就是「將自己所能提供的知識與客戶的需求加以連結」。

另外，他會依照KJ法（將事件要素寫在卡片上，並加以分類統整的方法）、5W1H分析法（透過When、Where等「5W1H」來

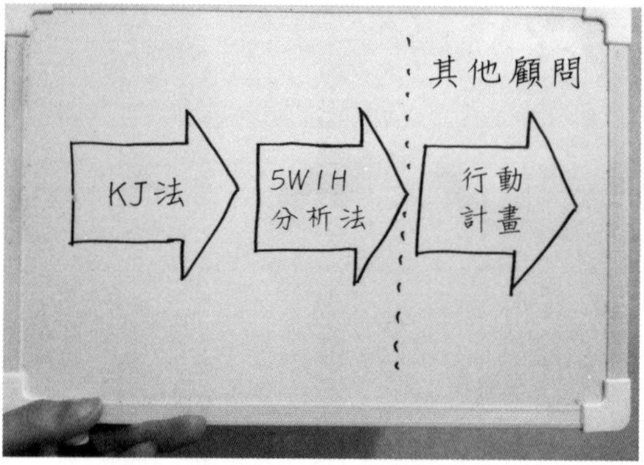

• 將工作和想法具象化，並加上「順序」的條理感，更能有效傳達。

整理事件要素，並思考的方法）以及行動計畫（實施戰略時的具體行動計畫）的順序，為客戶進行諮詢。

像這樣用圖解說明，便能更清楚地明白這位顧問老師的話。老師也很高興地表示，透過我的圖解，他也把自己的思緒整理清楚了。他說看到圖解後，想到了新點子：行動計畫的部份，可以請其他顧問老師來支援。

白板不是只有在會議室不能使用，可以在自己的座位上，透過圖解與同事互相確認，或是掛在家裡的冰箱上，利用圖解和家人討論重要的事情。無論何時何地，因為圖解不限場合的特性，只要有「畫圖的空間」，你都可以創造出解決問題的環境。

第7章

先畫再說，用圖解提升解決力

將文字或想法化為具體的圖像，比口說更容易理解。
「圖解」就是思考整理術，將無形的想法「視覺化」後，
加以整理並選擇，更容易決定最好的方法。

重點1 光用「說」的，只能傳達七％

各位聽過「麥拉賓法則」嗎？這是美國的心理學家亞伯特．麥拉賓（Albert Mehrabian）所提出的理論。

根據麥拉賓先生的說法，人與人面對面的「face to face communication」中，包括了言語、音調（聽覺）與肢體語言（視覺）等三大要素。

用說的，只能表達七％？

當上述三種要素所傳達的內容有所矛盾時，言語的影響力僅僅占了七％。而音調所占的比例為三八％，肢體語言則占了五五％之多。換言之，**光靠言語進行說明，其實是很難順利傳達內容的**。

只用言語來說明，只能將自己的意思傳達出七％，但是，如果加上圖片，就能傳達

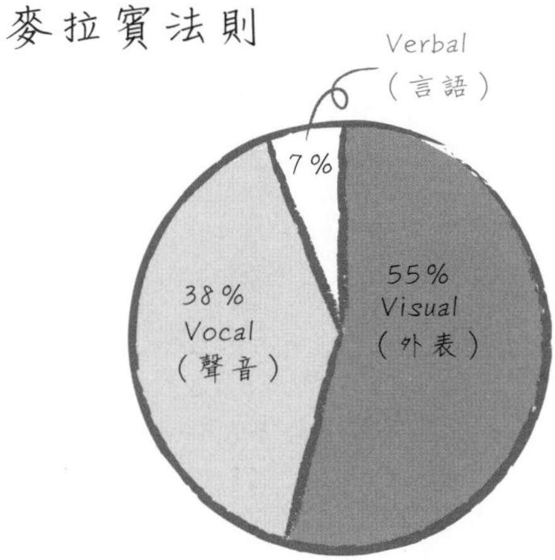

• 麥拉賓法則：不管你說話技巧再好，對方也只能接收七%。

出「言語七％＋視覺五五％＝六二％」的內容。也就是說，透過使用圖解說明，比光用嘴巴說，還要簡單易懂近九倍。

這個鐵則並不只適用於「face to face communication」的狀況下。例如，在寄送電子郵件給別人時，或是釐清自己內心想法的時候，配合使用圖解，都能讓自己想要表達的內容變得更清楚。

重點 2

一句話再加一張圖，效果最好

有句諺語是「百聞不如一見」。字典上的解釋是：「比起反覆聽別人說，親自用雙眼去看，更能理解」。比起在腦中想像著「眼睛看不見的東西」，使用具象化的「視覺資訊」來整理思緒、說明事情，往往更具效果。這樣的經驗，相信各位也一定有過。

位置圖上加入圖片，再也沒人迷路了

這是我在某次圖解讀書會中使用的會場位置圖，平常我都是利用池袋附近的出租會議室，來舉辦圖解讀書會，不過有時我也會借用支持圖解溝通的KOKUYO公司大廳來舉辦。

KOKUYO大廳的正門，在假日時是上鎖的。因此，與會者必須走專用的小玄關，才能進入圖解讀書會的會場。

十二月八日　圖解讀書會—會場位置圖

9：00入場　9：30開始

< KOKUYO 大廳>

品川車站南口步行三分鐘

<入口>

假日不開放正門。

請往前走到畫圈的地方。

▲走到畫圈的地方後，就會看到入口，
　請從這裡進入。

▲當天門口不會放置告示板，
　但會有工作人員引導。

▲進入會場後，
　請從左手邊的樓梯上二樓。

▲請各位蒞臨時注意安全。
　圖解溝通講師：多部田憲彥

• 原先只有「文字」說明的位置圖，
　附上地圖和照片位置圖後，資訊更清楚。

我一開始製作的會場位置說明，只有如下的文字說明：

「假日不開放正門。請面對正門，往左手邊前進，就能看見入口。請從這個入口進入。進入後，請從左手邊的樓梯上二樓」。

然而，由於這樣太難懂，因此大約有一成的與會者前來詢問：「到底要從哪裡進入會場？」

但是，**自從我發放了附有地圖、照片的位置圖後，就再也沒有人來詢問會場位置了**。眼睛看得見的資訊，就是這麼清楚明白。

重點3

思考可視化，選擇有用的資訊

圖解會**幫助你整理頭腦裡的思緒，把不需要的資訊丟掉，選擇應該前進的道路**，這個流程和整理衣服有異曲同工之妙。

一旦衣櫃裡塞滿了衣服，變得亂七八糟，就無法立刻拿出需要的衣服。就算心裡想著：「今天就穿那件衣服吧！」卻也想不起來那件衣服收在哪，還得逐一打開抽屜翻找才行。

我想大家應該都有過以上類似的經驗。其實整理衣服時，只要依照四個步驟，就能事半功倍。

圖解，就是一種「整理」

第一步是「視覺化」，把所有的衣服攤在床上，親眼確認有什麼款式或顏色的衣服。接著是「分類」，依照夏季衣物、冬季衣物等類別，將衣服分類。再來就是「縮小選項」（捨棄）；如果類似的衣服有好幾件，那麼就把比較舊的丟掉。另外，非當季的衣服，就放在衣櫃的最裡面。最後是「決斷」，從剩下的衣服中，決定今天要穿的衣服。

圖解的流程，就和上述過程一模一樣。寫在便利貼上的資訊就相當於「每一件衣服」，而整理這些資訊的「圖解」，就等於是「抽屜」。

而將頭腦裡的資訊全部寫出來的「視覺化」、使用圖形將資訊分類的「分類」、把不需要的資訊丟棄，幫助思考的「縮小選項」，以及以適切的資訊為基礎，選擇應該前進的方向的「決定」等步驟，也都與整理衣服非常類似。

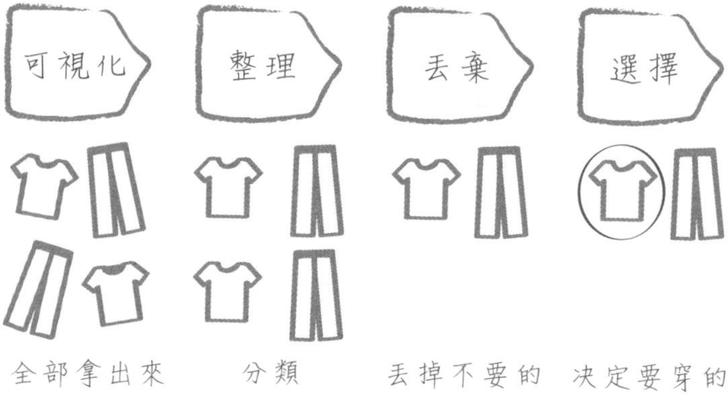

• 圖解的過程，就像在整理衣服。

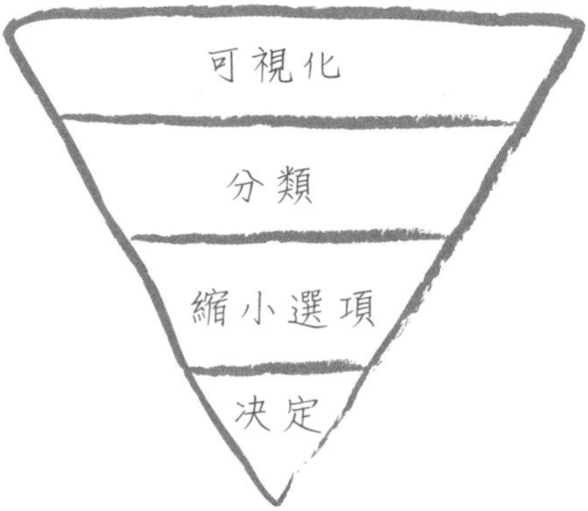

• 圖解的過程，就是一步步找到答案。

重點

4

用想的太沉重，寫出來就好解決了

就算是人稱「圖解癡」的我，也不是無時無刻都會使用圖解。例如，在員工餐廳煩惱著要吃二九九日圓的A套餐，還是三九九日圓的B套餐時，我是不會特地拿出白板來進行圖解的。

當我們碰到「若不將頭腦清空，就無法做出正確決定」的問題，就是適合使用圖解的好時機。像是「完全不願意想起的工作上的難題」、「連跟父母都無法商量的煩惱」等等，這些都是光用想的，就讓人感到心情沈重的問題。

在面對這些問題時，我們很容易變得消極，或是想要逃避。結果使得問題愈來愈難解決，心情又變得更差……。

「看得見」的問題，更容易解決！

陷入這種「惡性循環」的例子很常見，若是光只是想想，便很容易逃避問題。問題可能明明有三十個，但是在「我不想去想它！」這種情緒的阻礙下，或許就只看得見三、四個片段而已。

這時，我們應該把腦中的想法、資訊全部寫出來，強制把問題「視覺化」。如此一來，就像是排出身體的宿便，就會感到無比暢快。

在圖解讀書會中，我們有時也會花很多時間，把現在的問題、想法或人生目標等，寫在便利貼上。

• 「寫出來」，是最好的放鬆與解決方法。

把所有想法誠實寫下，會有意外的發現

在做這件事之前，大部分的人都會半信半疑地問：「真的有那麼多東西可寫嗎？」可是在實際開始寫之後，陸續有許多人都表示思緒根本停不下來，甚至有人時間到了都還在繼續寫。

有時，這個動作也能將一直以來自己沒有意識到的欲望或妄想（之類的東西）加以實體化。只要抱著對自己誠實的態度去寫，就會有意想不到的發現。

人每天在思考的東西，其實遠比自己想像的還要多。將這些想法具體地寫出來，「卸貨」後，心情會變得非常開朗。各位在平時就要**養成把想到的事情全部寫下來的習慣**，如此一來，相信就能神清氣爽地度過每一天。

重點5

寫出完整敘述，避免認知不同

如前項所述，**「具體的把想法寫下來」**很重要，在此我想提供各位一個訣竅，那就是盡量加上主詞，明確的寫出完整的敘述。

在某次圖解讀書會中，我請女性工作人員以「女性之間溝通的煩惱」為題，將她們的想法寫下來。

寫筆記要確認主詞和對象，避免語意不清

在這當中，不夠具體的便利貼有兩張。

第一個是「被牽著走」。如果只寫這樣，我們會不知道究竟是「被對方的話題牽著走」，還是「被自己的話題牽著走」，讓人難以理解究竟是什麼狀況。

另一個，則是「不敢說『不』」。究竟是「不敢對別人的話說『不』」，還是「不敢

對對方的邀約說『不』」，又或者是「遭人欺負的時候不敢說『不』」，其內容和嚴重性都不一樣。

倘若主詞和對象太過模糊不清，便無法好好整理思緒。此外，之後再次檢視便利貼時，也會搞不清楚當時自己的想法究竟是什麼。因此，在作筆記時，一定要清楚地寫出「主詞」和「對象」才行。

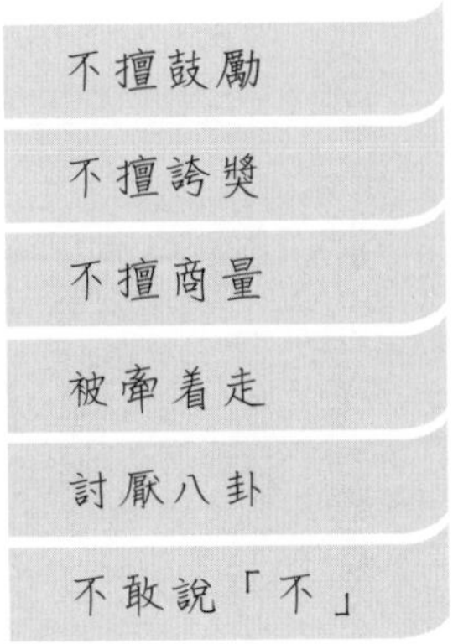

• 所有的想法寫在便利貼上，把「思考」具體化。

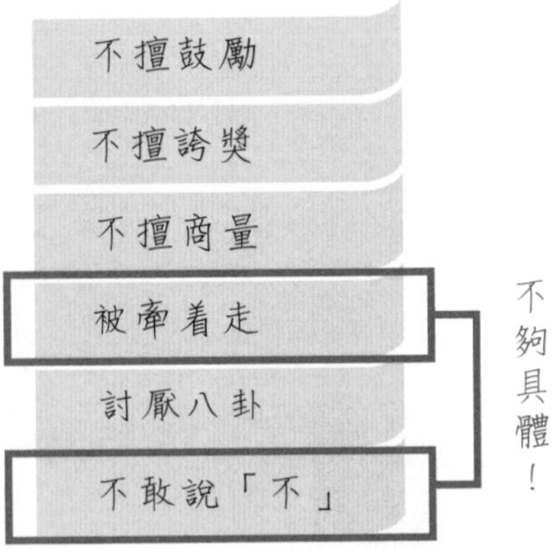

• 不夠具體的短句，理解不清，無法正視並發現問題。

重點6

五種隨身工具，各種場合都能活用圖解

為了將想到的事情全部具體地寫下來，我們必須隨身攜帶一些工具。接下來，我想介紹一些我平常所使用的文具，主要有下列五種：

依不同狀況，選擇不同的圖解工具

❶便利貼：快速方便，累積想法的好幫手

我會隨身攜帶二．五公分×七．五公分左右的小便利貼，以及邊長七．五公分左右的正方形大便利貼，每當有什麼點子浮現腦海，就會立刻

• 最重要的記錄工具：各種樣式的便利貼。

寫下。等筆記累積到一定的程度後，我就會貼在海報紙或板子上。

比較大的便利貼，可以寫下很多資訊，因此應用範圍相當廣泛。唯一的缺點是攜帶不便，因此我放在衣服口袋裡的，大多還是小型的便利貼。我愛用的是3M系列的產品，因為它的黏性夠強，降低便利貼掉落、遺失的危險。

❷紙本筆記本＋專用智慧型手機app：兼具速度和效率

我也經常使用紙本筆記本或記事本，最近愛用的是KOKUYO的筆記本「CamiApp」。只要用專用app將寫在紙上的筆記或圖解拍照下來，app就會自動將角度調正，存成檔案，並且自動寄出電子郵件或貼標籤。

另一個好處是，之後還可以在智慧型

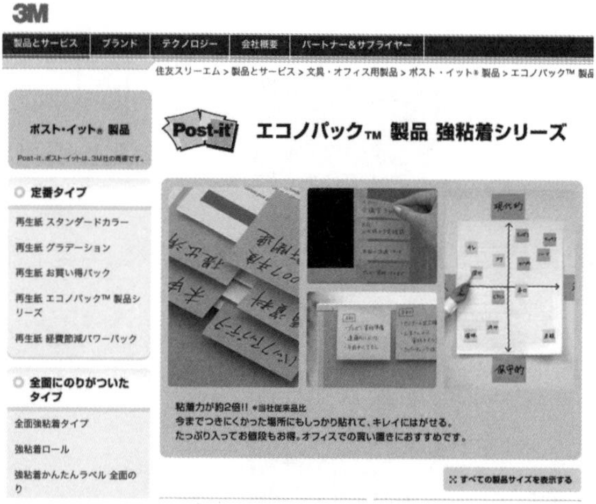

• 日本3M便利貼的使用介紹上，也有活用在圖解的説明。

手機上編輯。對於除了在職場之外，在生活中也有很多機會寫筆記或進行圖解的我來說，這款app已經是生活必需品了。

❸智慧型手機的語音備忘錄app：要注意軟體對語音的辨識度

不方便寫字的時候，我就會打開iPhone的語音備忘錄app，留下聲音檔。在各種語音辨識的電子郵件軟體中，我選擇的是Advanced Media公司的app。因為它可以將我們用語音錄下的內容，正確地轉換成文章。

當它將我所說的「ずかいべんきょうかい（zukaibenkyoukai）」自動轉換成「圖解讀書會」時，我著實感動了一番。

❹小尺寸白板：和任何人都能隨時隨地溝通

我隨身攜帶的A4大小白板，是在「百圓商店」買的，這也是在對其他人進行圖解說明時必備的重要工具。

當手邊沒有便利貼時，我也會利用白板的角落來作筆記，之後再把內容重謄在便利貼上。

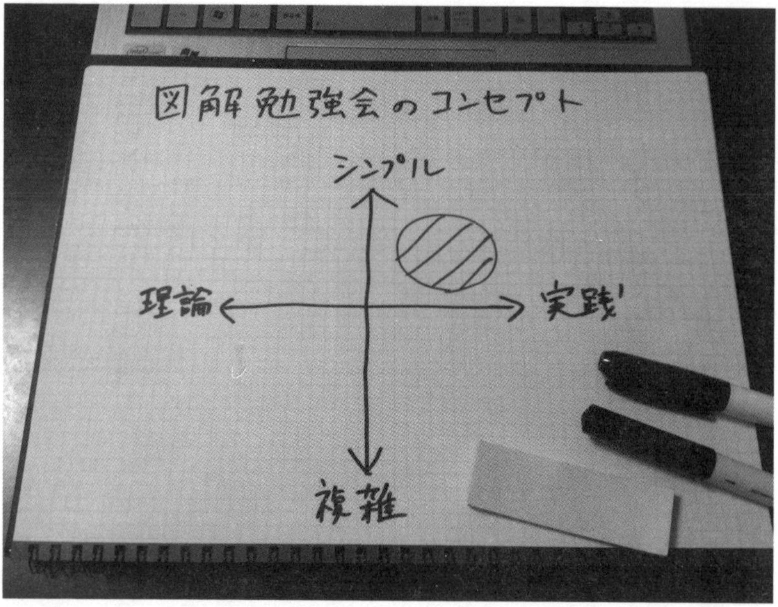

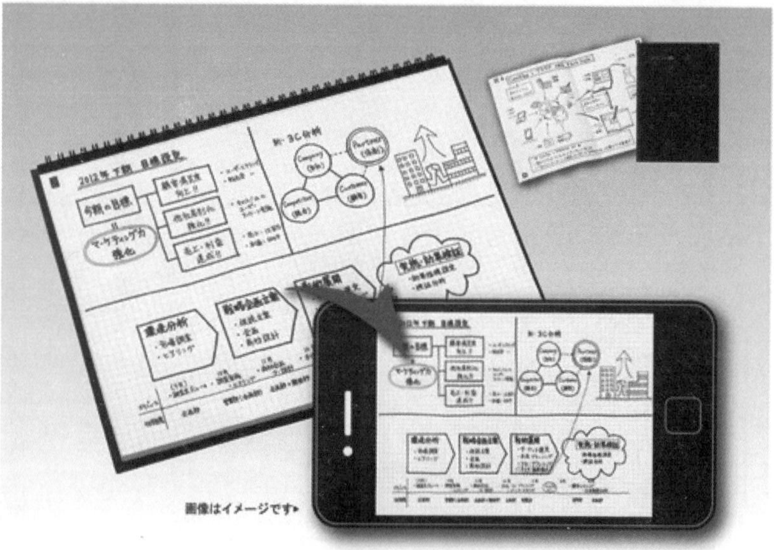

• 紙本筆記不易保存，加上輔助app程式，
將想法保存並快速分享給其他人。

附有板擦的白板筆，也只要一百日圓，因此和白板加起來，只需兩百日圓就能買到一整組。

❺ Excel程式：和手寫便利貼互補

有時我也會用Excel程式記下筆記，手寫便利貼的傳統方法與Excel的數位方法，各有利弊。

便利貼的優處是非常方便，只要想到什麼，立刻就能寫下，並能貼在板子上，隨心所欲地四處移動。但是便利貼失去黏性後，就會掉落，因此不適合長期保存。

另一方面，Excel雖然必須花上一點時間才能啟動，在方便性上稍

•「百圓商店」的A4大小白板，隨時都可和其他人討論、溝通。

微居於劣勢，但最大的優點就是可以長期保存。也就是說，「利用空檔時間整理思緒時，就使用傳統的方式；需要長時間持續思考的計畫，就使用Excel等數位工具來管理」。依據不同的需求，區分工具的使用時機即可。

這本書的出版，多虧了「便利貼筆記」

事實上，這次之所以有幸出版本書，也多虧了我隨身帶著便利貼。

本書的企劃是在二〇一二年七月一日開始的，而在同年的七月底時，必須將企劃案整理好，呈報給編輯會議。

然而，因為我是個上班族，每天的工作時間是早上七點半到晚上十點。而在七月的最後一週，我還被派去美國出差，週末時，我必須照顧當時一歲半的兒子，當時我認為，自己根本沒有時間好好地思考這個新書企劃。

不過，就在七月七日星期六那天，我和家人一起在橫濱LaLaport購物時，巧遇我太太的朋友。於是我們一家三口，便和那位朋友一家人一起吃飯。

這個吃飯的行程，意外地讓我有兩個小時可以利用。這時我便立刻拿出便利貼，將有關本書的企劃點子一一寫下。最後，在七月下旬前往美國出差的飛機上，我將這些想法整理好，用電子郵件寄給了本書的責任編輯。

越忙的人，越該隨身攜帶筆記工具

我花在企劃上的時間，只有在橫濱LaLaport商場用餐的兩個小時，以及在飛機上的十個小時左右。能夠在這麼短的時間內完成，全都多虧了我平時就有隨身攜帶筆記工具的習慣。

讀者們當中，想必也有因忙於工作和家庭，很難找出一段空檔時間的人，我也和各位一樣。但是，只要利用「先利用便利貼作筆記，日後再統整」這個方法，就能好好利用短暫的空檔思考。我想，越忙碌的人，越適合使用「圖解法」來解決問題！

• 越忙的人越該利用零碎時間筆記，便利貼是隨身攜帶的好幫手。

專欄 7 圖解讀書會的營運問題，還是靠圖解來解決

起初，圖解讀書會共有七位志工來幫忙處理事務。但由於大家的工作都很繁忙，能夠全員到齊的，往往只有讀書會當天而已。因此彼此在溝通上遇到了不少問題。

例如，有兩個人同時準備了收據，結果有人白做工，也曾發生沒人準備報名表，造成當天大混亂的情形。因此，在二〇一一年的年末，我們開了一場為時六個小時的會。

我們把舉辦讀書會時所遇到的問題全部寫在便利貼上，並從時間長短、效果大小等觀點，排出改善方法的優先順序。最後我們所導出的結論：要讓每個人都清楚知道作業流程與工作分配。

為了達到這個目標，我們使用了Dropbox的雲端服務，共享Excel或Power Point

等檔案以及圖片。最後，成員們對彼此有了更深一層的理解，讀書會也進行得更順暢。用「圖解」來改善「圖解讀書會」的營運問題——雖然是老王賣瓜，但這還真有我們的風格呢！

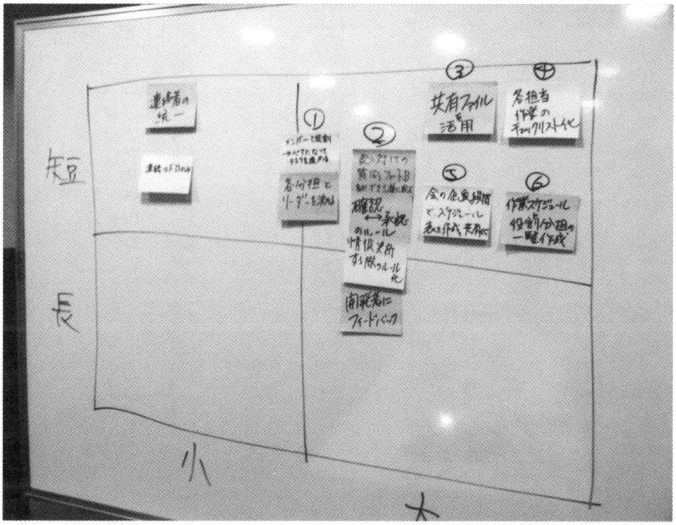

• 白板、便利貼和圖解，順利解決會務問題，又不多費成員的時間。

後記

圖解，讓生活有更多可能

一聽到「圖解」，很多人都會認為「那是用在簡報上的東西」吧？當然，在簡報時利用圖解也很有效果。但我想強調的是：**圖解是用來整理思緒、找出解決問題的方法時最棒的工具。**

單用「想」抓不住重點，寫出來才能讓問題「被看見」

正如我在書中所說的，透過畫圖，「好或不好」、「要或不要」等基準就能變得更明確，思緒也被整理得有條不紊，因此解決問題的方法自然就會浮現。

最重要的一個步驟，就是我在書中重複了好幾次的「**先作筆記！**」。單用頭腦思考事情，其實容易抓不到重點，而且有很多矛盾之處。若能把這些想法寫出來，將它們「具象化」，頭腦就能更清醒，思緒也更清晰。

當然，也有些人會覺得寫筆記很麻煩，但是，只要能跨過這一關，思考能力就會顯著地提升。各位務必記得一點：如果還不習慣圖解，那麼就先習慣「作筆記」。

圖解能找出問題的核心，從根本改善

問題無法解決時，人就會開始煩惱。而問題無法解決，是因為不知道該如何改善。不知道該如何改善，則是因為我們往往只看見問題的表面，而沒有發現問題的本質。

反過來說，總之先作筆記，找出問題點，再用圖解加以整理，找出解決方法，就能更接近解決問題了。如此一來，人生中所遇到的困難都能藉此迎刃而解，活得更開心。

此外，圖解並不是一種用頭腦來記憶的「學問」。請不要忘記，它是一種透過反覆使用、親身實踐的「工具」。

以前非常照顧我的、擅於找出並解決問題的老師，每個月都會前往好幾百人工作的工廠一次，進行指導。根據老師的說法，**要讓工人們學會解決問題的方法，至少要花六個月，但是要讓他們將「解決問題的思考方式」養成習慣，則至少也要三年之久。**

老師說，在同一家企業指導了員工六個月後，隔了三年再去拜訪，發現工廠回到和改善前一樣：東西雜亂堆放、老是做些無關緊要工作……等等。這種情形，其實不在少數。就像減肥之後又復胖一樣，好不容易進行的努力也都化為泡影了。

為了不半途而廢，光用頭腦理解所謂的「圖解」，是絕對不夠的。我們必須不斷地反覆進行和練習，直到養成習慣才行。如不管看幾次說明書，也不可能學會騎腳踏車。有時我們必須親自騎上腳踏車，在摔倒的過程中學習，才是最好的方法。

我們可以從小地方開始，累積成功的經驗，再慢慢獲得大的成果。平時就要多熟悉使用圖解，身體力行、親身體會圖解的方法和成效。圖解是一種能解決我們的煩惱，給予我們前進力量的工具，只要多一個人學會這個技能，世上就會多一個幸福的人。透過圖解，我希望最後能讓全世界變得更有精神，更有力量。

圖解，讓未來有更多可能性

最後，我要由衷感謝為了讓這本書問世，而一直支持我的各位。提出「透過出版書籍來推廣圖解」這個建議的田口智隆先生、松尾昭仁先生、天田幸宏先生、岩見浩二先生。協助我撰寫原稿的白谷輝英先生。決定出版後，一邊忙著生產、帶孩子，同時給我許多協助的編輯，藤田知子小姐。提供案例的高倉己淑小姐、K先生。協助圖解讀書會營運的中村晴美小姐、安居耕子小姐、德丸亞紀小姐、征矢大忠先生、松元廣宣先生、清水真先生。支持圖解法的志村隆廣先生、久保修一先生等。向圖解讀書會提出合作提案的KOKUYO的曾根原先生。爽快允諾出版的日產自動車公司的浦西部長、中山主任，還有，讓我學到「用圖解化解問題」的前公司日本和泰國工廠的各位，真的非常謝謝大家！

另外，我也要感謝來到異鄉，一邊養育孩子，同時支持著我的妻子Adisai，以及養育我的父親憲一與母親佐知子。將圖解推廣至全日本，是我此生的使命，未來我也將借助各位的力量，繼續努力向前！

翻轉學　翻轉學系列 050

1 枝筆＋1 張紙，說服各種人

最強圖解溝通術，學會 4 種符號，職場、生活、人際關係，
4 圖 1 式就搞定！【熱銷新裝版】
誰でもデキる人に見える図解 de 仕事術

作　　者　多部田憲彥
譯　　者　周若珍
總 編 輯　何玉美
主　　編　林俊安
責任編輯　曾郁閔
封面設計　張天薪
內文排版　許貴華

出版發行　采實文化事業股份有限公司
行銷企畫　陳佩宜・黃于庭・馮羿勳・蔡雨庭・陳豫萱
業務發行　張世明・林坤蓉・林踏欣・王貞玉・張惠屏
國際版權　王俐雯・林冠妤
印務採購　曾玉霞
會計行政　王雅蕙・李韶婉・簡佩鈺
法律顧問　第一國際法律事務所　余淑杏律師
電子信箱　acme@acmebook.com.tw
采實官網　www.acmebook.com.tw
采實臉書　www.facebook.com/acmebook01

I S B N　978-986-507-245-2
定　　價　320 元
初版一刷　2021 年 1 月
劃撥帳號　50148859
劃撥戶名　采實文化事業股份有限公司
10457 台北市中山區南京東路二段 95 號 9 樓
電話：（02）2511-9798　傳真：（02）2571-3298

國家圖書館出版品預行編目資料

1 枝筆 +1 張紙 , 説服各種人 : 最強圖解溝通術 , 學會 4 種符號 , 職場、生活、人際關係 ,4 圖 1 式就搞定 ! / 多部田憲彥著 ; 周若珍譯 . -- 初版 . -- 台北市 : 采實文化事業股份有限公司 , 2021.01
224 面 ; 14.8×21 公分 . -- (翻轉學系列 ; 50)
譯自 : 誰でもデキる人に見える図解 de 仕事術
ISBN 978-986-507-245-2(平裝)
1. 職場成功法 2. 溝通技巧 3. 圖表
494.35　109019865

廣	告	回	信
台北郵局登記證			
台北廣字第04401號			
免	貼	郵	票

采實文化　采實文化事業有限公司

104台北市中山區南京東路二段95號9樓

采實文化讀者服務部　收

讀者服務專線：02-2511-9798

【圖解溝通專家】
多部田憲彥◎著
周若珍◎譯

最強圖解溝通術

1枝筆+1張紙說服各種人

○△＋⇨
學會4種符號

1分鐘畫解問題
職場、生活、人際關係
4圖1式就搞定

翻轉學
050
翻轉學通用回函

系列：翻轉學系列050
書名：1枝筆＋1張紙，說服各種人

讀者資料（本資料只供出版社內部建檔及寄送必要書訊使用）：

1. 姓名：
2. 性別：□男　□女
3. 出生年月日：民國　　　年　　　月　　　日（年齡：　　　歲）
4. 教育程度：□大學以上　□大學　□專科　□高中（職）　□國中　□國小以下（含國小）
5. 聯絡地址：
6. 聯絡電話：
7. 電子郵件信箱：
8. 是否願意收到出版物相關資料：□願意　□不願意

購書資訊：

1. 您在哪裡購買本書？□金石堂（含金石堂網路書店）　□誠品　□何嘉仁　□博客來
   □墊腳石　□其他：____________________（請寫書店名稱）
2. 購買本書日期是？______年______月______日
3. 您從哪裡得到這本書的相關訊息？□報紙廣告　□雜誌　□電視　□廣播　□親朋好友告知
   □逛書店看到□別人送的　□網路上看到
4. 什麼原因讓你購買本書？□對主題感興趣　□被書名吸引才買的　□封面吸引人
   □內容好，想買回去做做看　□其他：____________________________________（請寫原因）
5. 看過書以後，您覺得本書的內容：□很好　□普通　□差強人意　□應再加強　□不夠充實
6. 對這本書的整體包裝設計，您覺得：□都很好　□封面吸引人，但內頁編排有待加強
   □封面不夠吸引人，內頁編排很棒　□封面和內頁編排都有待加強　□封面和內頁編排都很差

寫下您對本書及出版社的建議：

1. 您最喜歡本書的特點：□實用簡單　□包裝設計　□內容充實
2. 您最喜歡本書中的哪一個章節？原因是？

____

____

3. 您最想知道哪些關於職場工作術的觀念？

____

____

4. 人際溝通、職場工作、理財投資等，您希望我們出版哪一類型的商業書籍？

____

____

暢銷新書強力推薦

聚焦時間管理法

只做最重要的事，活出最佳人生節奏

行程排滿不一定帶來成就、
沒意義的人際關係不用勉強維繫……
好的時間管理，
不是以最少時間做最多的事，
而是重新定義「重要之事」！

若杉彰　著／葉廷昭　譯

不善社交的內向人，怎麼打造好人脈？

矽谷人不聚會、少出門，
也能與人高效連結的「關鍵人脈術」

如果你不是個性活潑、能言善道、喜歡交際的外向人，
或是你想停止無效社交、多陪家人與獨處，
不如學矽谷人打造「關鍵人脈」，精準社交！

竹下隆一郎　著／李韻柔　譯

下班後1小時的極速學習攻略

職場進修達人不辭職，靠「偷時間」高效學語言、修課程，10年考取10張證照

不辭職，光用下班零碎時間進修、精通技藝，
學會英文、法學、稅法、大學課程，
每年考取一張證照！

李洞宰　著／林侑毅　譯

翻轉學

翻轉學

翻轉學

翻轉學